Albert Glade, Helmut Reimer und Bruno Struif

Digitale Signatur & Sicherheitssensitive Anwendungen

DUD-Fachbeiträge

herausgegeben von Karl Rihaczek, Paul Schmitz, Herbert Meister

Lieferbare Titel der Reihe sind:

Albert Glade
Helmut Reimer
Bruno Struif
(Hrsg.)

Digitale Signatur
&
Sicherheitssensitive
Anwendungen

Die Herausgeber und der Verlag danken Herrn Bernd Junold, MicroDatec Erfurt, für die sorgfältige redaktionelle Bearbeitung des Manuskriptes.

ISBN 978-3-322-83084-5   ISBN 978-3-322-83083-8 (eBook)
DOI 10.1007/978-3-322-83083-8

Einleitung

Eine Idee auf dem Weg in den Alltag

D. Weber

D. Weber

Eine Idee auf dem Weg in den Alltag

Die digitale Signatur ist bald so selbstverständlich wie die eigenhändige Unterschrift

Eine vermessene Aussage? Vielleicht begründet im Wunschdenken der Mitglieder von TeleTrusT, die sich nun schon im siebten Jahr der Förderung der digitalen Signatur widmen?

Schließlich wurde die Grundidee von Diffie und Hellman und ein geeigneter Algorithmus dazu von Rivest, Shamir und Adleman bereits vor fast zwei Jahrzehnten publiziert. Warum sollte sich dieses Verfahren ausgerechnet jetzt in einer breiten Öffentlichkeit zur alltäglichen Selbstverständlichkeit entwikkeln?

Die Akzeptanz neuer Verfahren und Techniken ist häufig von mehreren Faktoren abhängig, die die Verbreitung begünstigen oder behindern:

Ist eine Infrastruktur vorhanden, die eine „ausreichend kritische Masse" von potentiellen Anwendern erschließt oder muß sie erst mit hohem Aufwand aufgebaut werden?

Sind mit der Verbreitung neuer Verfahren konkrete wirtschaftliche Interessen verbunden? Können damit in größerem Umfang erhebliche Rationalisierungspotentiale oder neue Märkte oder beides erschlossen werden? Oder eröffnet das neue Verfahren lediglich einen kleinen Nischenmarkt?

Sind die für den Einsatz eines neuen Verfahrens nötigen Produkte für eine breite Anwenderschicht zu einem günstigen

Preis-/Leistungsverhältnis auf dem freien Markt erhältlich und sind sie einfach zu handhaben, oder werden teuere und komplizierte Geräte dafür benötigt?

Ist ein neues Verfahren sozialverträglich, steht es im Einklang mit anerkannten Konventionen? Oder ist z.B. die Rechtssicherheit durch eine neue Technik in Frage gestellt?

Im Umfeld der digitalen Signatur haben sich diese Einflußgrößen in den letzten 3 Jahren mit einer zum Teil unerwarteten Dynamik entwickelt. Mehrere, zunächst voneinander unabhängige und mit den unterschiedlichsten Zielsetzungen und Interessen verfolgte Vorhaben haben heute einen gemeinsamen Fokus: die Etablierung des digital signierten elektronischen Dokumentes als Alternative zur klassischen Schriftform.

Aus den Beiträgen dieses Bandes wird ersichtlich, daß seit dem Erscheinen der ersten TeleTrusT-Publikation im Jahr 1992 („Kommunikation & Sicherheit") zum Teil ganz erhebliche Fortschritte im Umfeld der digitalen Signatur zu verzeichnen sind. Das eigentlich Aufregende an dieser Entwicklung ist aber, daß gegenwärtig mehrere Rahmenbedingungen *zur gleichen Zeit* so günstig für die Verbreitung der digitalen Signatur geworden sind wie nie zuvor.

Die Infrastruktur für einen öffentlichen elektronischen Rechtsverkehr ist vorhanden.

1978 veröffentlichten die Autoren Rivest, Shamir und Adleman ihre Idee eines Signaturalgorithmus. In diesem Jahr waren nach einer Diebold-Studie in Deutschland etwas mehr als 142.000 Computer aller Größenklassen mit einem Gesamtwert von 33,3 Milliarden DM installiert. Nur 21.000 davon waren intelligente Terminalsysteme und Kleincomputer. Etwa 50.000 Menschen arbeiteten im Jahr 1978 in der Bundesrepublik an Bildschirmgeräten, die Verbreitung von Computern im privaten Umfeld spielte praktisch keine Rolle.

Allein im Jahr 1992 wurden laut IDC in Deutschland fast 2,4 Millionen PC's im Gesamtwert von 6,43 Milliarden Mark verkauft. Bis zum Jahr 2000 werden voraussichtlich 30% aller europäischen Haushalte und kleinen Büros einen von insgesamt 45 Millionen PCs benutzen. Das Beratungsunternehmen BIS Strategic Decision geht davon aus, daß davon 30 Millionen, also zwei Drittel, mit Kommunikationskomponenten ausgestattet sein werden, die den Einsatz von Telefax, Electronic Mail und den Austausch von Daten ermöglichen.

Optische Speichermedien mit einer Kapazität, die vielen tausend Papierseiten entspricht, sind inzwischen auch für den Datenverarbeitungslaien handhabbar und vor allem preiswert geworden. Preisgünstige Laufwerke, mit denen CDs direkt am PC nicht nur gelesen, sondern auch beschrieben werden können, sind in Kürze auf dem Markt. Papierdokumente können heute an jedem PC mit einem Scanner eingelesen oder über eine Fax-Karte elektronisch empfangen werden. Mit diesen Komponenten ist die langfristige Speicherung von elektronischen Unterlagen für eine breite Anwenderschicht möglich geworden.

Ein weiterer wesentlicher Faktor ist die Entwicklung und Verbreitung von Software zur Erstellung von Dokumenten für den Schriftverkehr. Noch vor einigen Jahren war die Schreibmaschine das am weitesten verbreitete Werkzeug in Büros und Haushalten. Das originäre Medium für den Schriftverkehr war Papier, das nur mit Zusatzaufwand , z. B. durch Scannen, elektronisch gespeichert werden konnte. Heute übernehmen Textprogramme und PCs zunehmend die Rolle der Schreibmaschinen. Dokumente entstehen also primär in elektronischer Form, der Zusatzaufwand entsteht jetzt durch das Ausdrucken und die Verwaltung des Papiers in Aktenordnern!

Ähnliche Effekte ergeben sich durch die rapide Verbreitung von preisgünstiger Software zur Verwaltung von Privatkonten, für den Verkehr mit Banken, für die Buchführung kleinerer Betriebe und für viele weitere alltägliche Vorgänge. Information entsteht an immer mehr Stellen originär in elektronischer Form, wird elektronisch verarbeitet, transportiert und gespeichert. Der Umgang damit ist bereits für viele Millionen

Menschen zum Alltag geworden, die rapide Zunahme der Nutzer ist unbestritten.

Damit ist heute eine „ausreichend kritische Masse" von preiswerter Software- und Hardwaretechnik im Markt etabliert. Ein sehr lohnendes Potential für neue, bisher nicht für die Informationstechnik erschlossene Anwendungsfelder ist entstanden. Insbesondere für die Ausweitung des elektronischen Rechtsverkehrs ist die nötige Infrastruktur vorhanden.

Neue Felder für den elektronischen Rechtsverkehr sind zum Wirtschaftsfaktor geworden

Elektronischer Rechtsverkehr findet schon seit längerem in großem Umfang statt. Vom electronic banking bis zur telefonischen Bestellung einer Ware gibt es eine Vielzahl von Geschäften, die über elektronische Medien abgewickelt werden. Diese Geschäfte sind ohne einen allgemein anerkannten Ersatz der eigenhändigen Unterschrift möglich, da sie entweder grundsätzlich nicht der Schriftform bedürfen oder durch bilaterale Verträge (z. B. der Bank mit dem Kunden) abgesichert sind, oder weil ein Anbieter aus wirtschaftlichen Gründen ein begrenztes Mißbrauchsrisiko einkalkuliert und auf sich nimmt. Zum Teil werden Mißbrauchsrisiken durch technische Maßnahmen reduziert, die der Anbieter (z. B. eine Bank oder ein Versandhaus) zur Verfügung stellt.

Damit sind auch schon die Grenzen der gegenwärtigen Anwendungsfelder für den elektronischen Rechtsverkehr genannt. Dort, wo Rechtsgeschäfte nicht innerhalb geschlossener Benutzergruppen stattfinden, bei Vorgängen, für die die Schriftform gesetzlich vorgeschrieben oder vereinbart ist, oder bei Geschäften, bei denen sich aus wirtschaftlichen Gründen eine einseitige Übernahme von Risiken verbietet, kann auf die Schriftform und damit auf die eigenhändige Unterschrift noch nicht verzichtet werden.

An der Erschließung dieser Bereiche für den elektronischen Rechtsverkehr besteht aber inzwischen großes wirtschaftliches Interesse verschiedener Gruppen. Zum einen, weil damit z.T. erhebliche Rationalisierungspotentiale ausgeschöpft werden können und zum anderen, weil sich dadurch neue Märkte und Betätigungsfelder ergeben.

Verschiedene Verwaltungen und Berufsgruppen forcieren bereits den Rechtsverkehr auf elektronischem Weg, um Abläufe zu rationalisieren. Hier ist vor allem die Initiative der Länder Bayern, Sachsen, Sachsen-Anhalt und Hamburg zum Aufbau eines elektronischen Grundbuchwesens zu nennen, die in einem gemeinsamen Projekt die neuen Verfahren definiert und realisiert haben. Die digitale Signatur spielt dabei eine zentrale Rolle.

Die Bundesnotarkammer, das Sächsische Staatsministerium der Justiz und das Bayerische Staatsministerium der Justiz erproben in einem Pilotprojekt den elektronischen Datenaustausch zwischen Notaren und Grundbuchämtern. Mit diesem Projekt soll darüber hinaus die Basis für einen umfassenden elektronischen Rechtsverkehr der Notare mit Banken, Finanzämtern und Amtsgerichten geschaffen werden.

Ganz entscheidende Impulse gehen von mehreren Projekten im Bereich des Gesundheitswesens aus. Erhebliche Rationalisierungspotentiale können dort durch die Einführung einer durchgängigen elektronischen Kommunikation zwischen den beteiligten Instanzen erschlossen werden. Eine besondere Bedeutung für die rasche Verbreitung der digitalen Signatur haben aber ohne Zweifel die „Kartenprojekte" im Gesundheitswesen. Intelligente Chipkarten dienen dabei künftig nicht nur als „Ausweisdokument", sondern auch als Transportmedium für den elektronischen Austausch von Patientendaten, Rezepten, Diagnosen, Leistungsdaten etc. Daß diese Informationen besonders geschützt werden müssen, liegt auf der Hand. Darüber hinaus entsteht aber eine neue Form des elektronischen Rechtsverkehrs, an dem sehr schnell Millionen Menschen beteiligt sein können. Der Arzt könnte das elektronische Rezept auf der Karte des Patienten digital signieren, der Apotheker würde diese Unterschrift verifizieren, der Patient könnte mit seiner Karte die Leistung digital quittieren. Rechtsverbindliche Willenserklärungen des Patienten, z.B. vor einer Operation, könnten ebenfalls in digitaler Form abgegeben werden.

Einige dieser Kartenprojekte befinden sich bereits in der Pilotierungsphase. Das Interesse der jeweiligen Träger an einer Einführung im Markt ist groß, da damit sehr interessante neue Anwendungsfelder und z. T. auch neue Märkte erschlossen werden können.

An einer zügigen Verbreitung des Verfahrens der digitalen Signatur sind nicht zuletzt die Anbieter von Produkten in diesem Umfeld interessiert. Chipkarten mit einer großen Palette von Leistungsmerkmalen sind verfügbar, Kartenlesegeräte, die an jedem PC angeschlossen werden können, sind auf dem Markt, und Softwareprodukte, mit denen das Verfahren der digitalen Signatur einfach und sicher praktiziert werden kann, haben seit längerem Marktreife erreicht.

Es gibt eine Vielzahl weiterer Interessensgruppen, wie Banken, Versandhäuser, Netzbetreiber u.a., die die Abwicklung von Geschäften auf elektronischem Weg forcieren. Im Rahmen dieses Überblickes kann darauf nicht näher eingegangen werden. Insgesamt läßt sich aber feststellen, daß sich der elektronische Rechtsverkehr inzwischen zu einem wichtigen Wirtschaftsfaktor mit enormen Wachstumschancen entwickelt hat.

Für die technischen Komponenten der digitalen Signatur entstehen Defacto-Standards

Die Akzeptanz eines neuen Verfahrens bei einem großen Anwenderkreis setzt voraus, daß die dafür nötige technische Ausrüstung von jedem potentiellen Anwender problemlos erworben, installiert und benutzt werden kann. So trivial diese Erkenntnis auch erscheinen mag, ihre Umsetzung in die Praxis ist oft nicht ganz einfach.

Ausgereifte Hardware- und Softwareprodukte für verschiedene Anwendungen der digitalen Signatur sind seit längerem verfügbar. Dazu zählen Chipkarten, Kartenleser, die an den PC angeschlossen werden können und natürlich Software zur

Schlüsselgenerierung, zur Kryptierung, zur Absicherung von Fax, für die Unterschrift von elektronischen Dokumenten, für deren Verifikation und v. a. m.

Bei den meisten dieser Produkte wird allerdings vorausgesetzt, daß alle Partner, die an einem elektronischen Geschäft beteiligt sind, die gleiche technische Ausstattung besitzen. Damit positionieren die Hersteller ihre Produkte bisher ausschließlich für geschlossene Benutzergruppen, in der Hoffnung, daß diese ausreichend groß werden, um den wirtschaftlichen Erfolg der Produkte sicher zu stellen. Inzwischen setzt sich aber bei immer mehr Produktanbietern die Erkenntnis durch, daß eine Alternative zur Konkurrenz in relativ begrenzten Märkten darin besteht, gemeinsam ein wesentliches größeres Marktpotential für einen freien Wettbewerb zu erschließen.

Der Schlüssel zur Öffnung von Märkten liegt in der Etablierung von Standards. Die Vereinbarung von Schnittstellen, an die sich die Produkte verschiedener Hersteller "anschließen" lassen, ist die Grundvoraussetzung dafür, daß ein freier Käufermarkt entsteht, in dem der Kunde entsprechend seinen Anforderungen zwischen mehreren Produkten wählen kann. Die Standardisierung muß vor allem die Schnittstellen einschließen, die die „Interoperabilität" von Produkten verschiedener Hersteller sicherstellen, da ein offener elektronischer Rechtsverkehr selbstverständlich voraussetzt, daß bestimmte Grundfunktionen der digitalen Signatur bei allen beteiligten Partnern ausgeführt werden können, unabhängig davon, welches Endgerät sie dafür einsetzen.

Die Etablierung von De-facto-Standards im Umfeld der digitalen Signatur befindet sich in einem sehr konkreten Stadium. Die wesentlichsten Schnittstellen für ein anwendungsunabhängiges Chipkartenterminal und dessen Funktionen sind definiert und in Form von Programmbibliotheken implementiert. Zwei Entwicklungen sprechen dafür, daß sich diese Standards in Kürze in Deutschland etablieren werden. Zum einen haben sich die Verantwortlichen für die Kartenprojekte im Bereich des Gesundheitswesens darauf geeinigt, bei ihren Anwendern nur Terminals einzusetzen, die diesen Standards entsprechen. Zum anderen beteiligen sich mehrere Hersteller und Systemhäuser am TeleTrusT-Projekt „MailTrusT" mit dem Ziel, die Interoperabilität ihrer Produkte auf der Basis dieser Standards zu realisieren. Eine entsprechende Produktpräsentation von zehn Firmen auf einem gemeinsamen TeleTrusT-Stand der Systems 1995 ist als bedeutender Beitrag auf dem Weg der Öffnung des Marktes für weitere Anwendungen des elektronischen Rechtsverkehrs einzustufen.

Die Initiativen zur Schaffung der rechtlichen Rahmenbedingungen sind erfolgreich

Eine Grundvoraussetzung für die Verbreitung des elektronischen Rechtsverkehrs ist die rechtliche Gleichstellung des digital signierten elektronischen Dokumentes mit der klassischen Schriftform. In den letzten drei Jahren haben die Initiativen zur Schaffung der dafür nötigen gesetzlichen Regelungen eine erfreuliche Dynamik entwickelt.

Als einer der wichtigsten Meilensteine ist dabei sicher das Registerverfahrensbeschleunigungsgesetz einzustufen, das Ende 1993 in Kraft trat. Aufgrund dieses Gesetzes ist es möglich, daß Grundbücher, Handels- und Genossenschaftsregister sowie weitere Register in elektronischer Form geführt werden können. Da die wesentlichen Register, die der Staat im Interesse des Bürgers führt, davon betroffen sind, hat dieses Gesetz für das deutsche Rechtsleben eine große Bedeutung. Für die Erschließung neuer Anwendungsfelder für den elektronischen Rechtsverkehr hat das Registerverfahrensbeschleunigungsgesetz gewissermaßen eine Vorreiterfunktion, da die digitale Signatur als Äquivalent zur eigenhändigen Unterschrift bei der Führung elektronischer Register anerkannt wird. Eine Eintragung in das elektronische Grundbuch gilt z. B. als abgeschlossen und damit rechtswirksam, wenn sie vom Rechtspfleger digital signiert wurde.

Die Diskussion der gesetzlichen Rahmenbedingungen für eine generelle rechtliche Anerkennung der digitalen Signatur war zum Zeitpunkt der Verkündung des Registerverfahrensbeschleunigungsgesetzes bereits in vollem Gange. Da Juristen und Techniker gemeinsam Neuland betraten, waren allerdings über längere Zeit hinweg zunächst die Grundlagen für eine interdisziplinäre Kooperation zu schaffen.

Inzwischen sind die Aktivitäten zur rechtlichen Gleichstellung des digital signierten elektronischen Dokumentes mit der eigenhändig unterschriebenen Urkunde sehr konkret und erfolgversprechend. Mehrere Bundesministerien bereiten eine politische Entscheidung zur Rechtsänderung für das elektronische Dokument und die digitale Signatur vor. Unter der Federführung der Bundesministerien für Justiz und des Inneren beteiligen sich daran auch der Bundesdatenschutzbeauftragte und der Bundesrechnungshof.

Von der Bundesnotarkammer liegt ein Entwurf eines Gesetzes über den elektronischen Rechtsverkehr vor. Darin werden konkret Änderungen des Bürgerlichen Gesetzbuches und der Zivilprozeßordnung vorgeschlagen. Ziel dieser Änderungen ist es, die elektronische Form für alle Erklärungen und Rechtsgeschäfte alternativ neben der Schriftform zuzulassen. Die digitale Signatur von elektronisch gespeicherten Willenserklärungen übernimmt dabei die Funktionen der eigenhändigen Unterschrift auf Papierdokumenten.

Fazit: Es ist nur noch eine Frage der Zeit ...

... bis zum Einzug der digitalen Signatur in den Alltag einer breiten Anwenderschicht. Die Randbedingungen dafür sind optimal geworden.

Der Verein TeleTrusT konnte seit seiner Gründung im Jahr 1989 dazu wesentliche Beiträge leisten und hat ohne Zweifel entscheidende Impulse gegeben. Die 1992 erschienene TeleTrusT-Publikation „Kommunikation & Sicherheit" dokumentiert bereits den interdisziplinären und gesamtheitlichen Ansatz zur Förderung der digitalen Signatur als Basis für eine vertrauenswürdige Informationstechnik. Der nun vorliegende Band „Digitale Signatur & Sicherheitssensitive Anwendungen" gibt wieder einen ausgezeichneten Überblick über den „state of the art", zeigt aber auch, mit welcher Dynamik sich in den letzen drei Jahren die Idee der digitalen Signatur über die verschiedensten Interessengruppen verbreitet hat.

Diese Idee von Diffie und Hellman, 1976 in IEEE Transactions on Information Theory veröffentlicht, findet sich heute wieder in Beiträgen über Anwendungen, die wahrscheinlich in Kürze von Millionen genutzt werden, Gesetze werden für sie geändert, sie wird als Wirtschaftsfaktor gehandelt, einige erwarten von ihr das „big buisiness".... Kein Zweifel also, die Idee ist auf dem Weg in unseren Alltag!

Anwendungen

O.P. Schaefer
J. Sembritzki

1 Anwendungen der digitalen Signatur in der Medizin

1 Einsatz der Digitalen Signatur im Gesundheitswesen

Durch Zunahme des EDV-Einsatzes in Arztpraxen (bundesweit im Juni 1995 ca. 60%) wird vermehrt auch der Wunsch nach Datenübertragungsmöglichkeiten geäußert, vor allem zur Ersparnis von Papier und Zeit. Dies erfordert jedoch andere, zusätzliche Verfahren und Maßnahmen als bei der bisherigen konventionellen Vorgehensweise. Gleichzeitig wird auch von seiten des Datenschutzes vermehrt Regelungsbedarf im Bereich des Gesundheitswesens erkannt. Nicht zuletzt die Einführung der Krankenversichertenkarte hat dazu geführt, daß derzeit verstärkt die Möglichkeiten und Gefahren des Datenaustausches diskutiert werden. Der nachfolgende Beitrag will versuchen, die aktuelle Situation und bereits laufende Bemühungen sowie mögliche Anwendungsscenarien einer digitalen Signatur zu beschreiben.

2 Nationale Situation

2.1 EDV-Infrastruktur

Die wachsende EDV-Infrastruktur in Arztpraxen und Krankenhäusern macht die Anwendung effizienter Maßnahmen zur sicheren und verläßlichen Datenübermittlung erforderlich.

Jedoch täuscht die Tatsache, daß mittlerweile ca. 60 Prozent der Ärzte EDV anwenden, darüber hinweg, daß es sich hierbei größtenteils um eher „schmalbrüstige" Einplatzlösungen handelt. Mit einer derartigen Infrastruktur lassen sich natürlich Sicherheitsaspekte nach dem „state of the art" technisch nicht ohne weiteres umsetzen. Das heißt, eine digitale Signatur bzw. Chiffrierung von Daten mittels des rechenintensiven RSA-Algorithmus ist mit der derzeitig überwiegenden Hardwaregeneration in den Arztpraxen gar nicht umzusetzen.

Es muß deshalb innerhalb der Ärzteschaft nach Lösungen gesucht werden, die auf der Basis heute zur Verfügung stehender Möglichkeiten einen weitestgehenden Schutz patientenbezogener Daten ermöglichen, bei gleichzeitiger Definition des Zielkonzeptes und der Migrationsmöglichkeit dorthin.

Im folgenden soll aufgezeigt werden, in welchen Bereichen eine digitale Signatur zur Anwendung kommen könnte, ohne bereits auf die konkrete Umsetzung dieser Signatur einzugehen.

3. Denkbare Anwendungsbereiche

3.1 Befundübermittlung

3.1.1 Arzt-Arzt

Die zügige Kommunikation von Ärzten aller Versorgungsgebiete untereinander ist für eine optimale Patientenversorgung essentiell.

Die Defizite bei Einsatz konventioneller Hilfsmittel - Papier und Bleistift, Telefon, Telefax - sind bekannt. Befundberichte und Befundübermittlungen müssen aber, beispielsweise bei der Tumordiagnostik (Tumormarker-Bestimmungen, histologische Befunde von Biopsien), den auftraggebenden Arzt möglichst umgehend erreichen. Übertragungs- und Übermittlungsfehler müssen vermieden werden, um falsch-positive oder falsch-negative Befunde unmöglich zu machen. Vorbefunde bei Krankenhauseinweisungen und Krankenhausentlassungsberichte sind außerordentlich zeitkritisch für die Kontinuität der Patientenversorgung sowie zur Vermeidung von Doppel- oder Mehrfachuntersuchungen und damit schließlich auch zur Vermeidung unnötiger Belastungen der Patienten.

Die Tatsache, daß normale Briefpost, gelegentliche telefonische oder Telefax-Kommunikation, nur durch das Respektieren des Post- bzw. Briefgeheimnisses „geschützt" sind, rückt erst jetzt, nachdem wir eine elektronische Kommunikation der Gesundheitsberufe diskutieren, ins Bewußtsein der Akteure.

Um die bekannten Defizite zu überwinden, insbesondere das Time-Lag zwischen Befunderstellung und Übermittlung, für die Gewährleistung der Datenqualität und die Respektierung der Datensensibilität sind neuerdings gesicherte Netzwerkstrukturen mit und ohne Unterstützung durch Patientenkarten im Gespräch.

3.1.2 Labor-Arzt, z.B.Übermittlung der Meßwerte

Die Übermittlung von Befunddaten von Laborärzten und Gemeinschaftslaboratorien an ihre Auftraggeber bzw. Mitglieder ist der erste Bereich, der sich zunehmend der elektronischen Übermittlung, von Computer zu Computer, bedient. Diese Befundübermittlung mittels Modem wird in aller Regel über eine Auftragsnummer und nicht unter Verwendung des Patientennamens abgewickelt, so daß hier auch keine besonderen Sicherheitsmaßnahmen erforderlich sind. Bei der Kommunikation von Arzt zu Arzt, zur Darstellung letzterhobener Befunde für die Verwendung durch einen mitbehandelnden Arzt in Praxis oder Krankenhaus,wird man in der Regel aber nicht auf den Personenbezug verzichten können, weil ein einheitliches Codierungssystem wie beispielsweise eine Auftragsnummer für Patienten nicht existiert. Die Versichertennummer ist für diese Zwecke nicht verwendbar.

3.1.2.1 LDT-Labordatenträger

Als sich 1989 Softwareanbieter, Laborärzte und beteiligte Institutionen auf eine Datenübertragungsdefinition namens „Bonner Modell" verständigten, war nicht abzusehen, daß diese Schnittstelle die Akzeptanz und Verbreitung erlangen würde, die sie heute zweifellos besitzt. Ausschlaggebend war die Entscheidung, sich an dem Datenformat des von der KBV definierten ADT (siehe 2.2.1) zu orientieren.

Inzwischen wurde das „Bonner Modell" von der KBV übernommen, überarbeitet und unter der Bezeichnung LDT zum Bestandteil der Zulassungsprüfung von Praxiscomputerprogrammen gemacht.

Diese Schnittstelle definiert sowohl die Übertragung des Laborfacharztberichtes an den auftraggebenden Arzt als auch den Laborgemeinschaftsbericht. Selbst der komplexe Mikrobiologiebericht ist realisiert. Jedoch wurden bisher keine Vorgaben hinsichtlich der Datensicherheit gemacht. Dies war jedoch aufgrund der angewandten Übertragungswege (Diskette, Telebox) und der übermittelten Daten (siehe 2.1.2) auch nicht erforderlich.

Der Einsatz neuer Techniken und die Übertragung umfangreicherer, auch personenbezogener Datenbestände geben auch hier vermehrt Anlaß, über Verschlüsselungsverfahren und sichere Übertragungswege nachzudenken. Die KBV hat dies erkannt und bemüht sich derzeit, entsprechende Verfahren rechtzeitig zu erproben.

3.1.2.2 Das KBV/ZI/KVH/PVS-Projekt

Im Rahmen dieses Feldversuches wird der Einsatz von Verschlüsselungsalgorithmen und eventuell einer digitalen Signatur sowie deren Handhabung in einem kontrollierten Modellversuch unter realen Bedingungen erprobt. Eingesetzt werden hierbei zwei derzeit bereits konzipierte Verfahren. Zum einen das auf dem IDEA-Algorithmus basierende Konzept einer Datenchiffrierung der Kassenärztlichen Bundesvereinigung (KBV) zur Verschlüsselung von Teildaten im Rahmen der Datenübertragung mittels des Labordatenträgers (LDT), zum anderen der den DES-Algorithmus einsetzende Versuch der Privatärztlichen Verrechnungsstellen (PVS) zur Chiffrierung der Abrechnungsdaten unter Nutzung einer Arztkarte. In einer zweiten Stufe ist auch der Einsatz einer digitalen Signatur denkbar.

Der Feldversuch wird in der Bezirksstelle Marburg der Kassenärztlichen Vereinigung Hessen (KVH) durchgeführt unter Beteiligung von 2 - 5 Arztpraxen, 1 - 2 Praxiscomputeranbietern, 1 Labor/Laborgemeinschaft, 1 Privatärztlichen Verrechnungsstelle und der KV-Bezirksstelle.

Ziel des Pilotprojektes ist es, die technische und organisatorische Implementation der Verfahren in einer Anwendungsumgebung zu testen. Insbesondere die Handhabung und Praktikabilität der Verfahren ist zu evaluieren und hinsichtlich ihrer Akzeptanz in der Praxis zu bewerten. Hierbei ist auch daran gedacht, die skizzierten Methoden und Algorithmen innerhalb der Verfahren auszutauschen.

3.2   Abrechnung

3.2.1   Arzt-Kassenärztliche Vereinigung-Arzt

Bereits im Jahr 1988 veröffentlichte die Kassenärztliche Bundesvereinigung eine Datenschnittstelle zur Übertragung der quartalsweisen Abrechnungsdaten aus der Arztpraxis, aus dem Praxiscomputer, an die KV. Diese satz- und feldorientierte Datenbeschreibung, die im wesentlichen die in der Arztpraxis gebräuchlichen Formulare in Datensätze abbildet, liegt derzeit in der Version 10/93 vor und wird von annähernd der Hälfte aller niedergelassenen Vertragsärzte eingesetzt. Haupttransportmedium ist heute noch die Diskette, die auf dem Postweg oder durch Botendienst die KV erreicht. Jedoch werden mit der durch das Gesundheitsstrukturgesetz ausgelösten zunehmenden Umstrukturierung der Organisationsabläufe in den Kassenärztlichen Vereinigungen auch andere Transportwege, z.B. direkte Datenübermittlung mittels ISDN, zum Einsatz kommen. Dies erfordert gleichzeitig den Einsatz neuer Verfahren zur Gewährleistung von Datensi-

cherheit und -integrität. Damit wird gleichzeitig der umge-
kehrte Weg der Informationsübermittlung von der KV zum
Arzt eröffnet. Auch hier kann es erforderlich werden, Maßnahmen der Datensicherung zu entwickeln.

3.2.2   Arzt-Privatärztliche Verrechnungsstelle

3.2.2.1   Das PVS-Projekt

Ähnlich wie bei der „Kassenabrechnung" zwischen niederge-
lassenem Vertragsarzt und KV werden von vielen Ärzten
„Privatärztliche Verrechnungsstellen" (PVS) für die Erstellung
der Privatliquidation gegenüber ihren Privatpatienten, einschließlich Mahnwesen und Inkasso, in Anspruch genommen.
Während früher die der Privatliquidation zugrunde liegenden
Leistungsdaten handschriftlich und per Briefpost an die Verrechnungsstellen übermittelt wurden, machen Ärztinnen und
Ärzte zunehmend Gebrauch von der Möglichkeit, die Abrechnungsdaten per Datenträger (mittels PAD) mit den Privatärztlichen Verrechnungsstellen abzuwickeln. Obgleich der
Datenträger im Vergleich zum bisherigen Verfahren insofern
sicherer ist, als er nicht ohne weiteres optisch lesbar ist, bedarf es noch weiterer Maßnahmen der Sicherung. Die Gefahr
des Verlustes, des Abfangens und der gezielten Verfälschung
dieser, der ärztlichen Schweigepflicht unterliegenden Daten,
ist hier besonders groß. Deshalb soll in diesem Pilotprojekt
der Schutz der Daten mittels kryptographischer Verfahren
gewährleistet werden.

Geplant ist der Einsatz einer Kombination der bewährten
symmetrischen und asymmetrischen Verschlüsselungsverfahren DES (Data Encryption Standard) und RSA (Rivest Shamir
Adleman). Dies heißt, daß die Privatärztliche Verechnungs-
stelle zunächst einen public und einen privat key erzeugt.
Der public key wird allen Anwendern (Ärzten) bekannt gegeben. Der privat key verbleibt in der Verrechnungsstelle.

Für die Datenübertragung bildet der Arzt mittels eines Zufall-
generators einen DES-Schlüssel zur Verschlüsselung der zu
übertragenden Daten. Der benutzte Schlüssel selbst wird

mittels des public key verschlüsselt und mit den eigentlichen Daten übermittelt.

Die Verrechnungstelle ihrerseits entschlüsselt den DES-Schlüssel mittels ihres private keys und daraufhin mit dem gewonnen Schlüssel die eigentlichen Daten.

Ein erster Versuch dieses Konzeptes, das in ähnlicher Weise auch von anderen Institutionen angewandt wird, soll unter anderem im Raum Marburg (siehe 3.2.2.1) durchgeführt werden.

3.3 Elektronisches Rezept

Bereits 1992 hat die Gesellschaft für Mathematik und Datenverarbeitung (GMD), Darmstadt, in einer exemplarischen Laboranwendung gezeigt, wie die Umsetzung eines elektronischen Rezeptes mittels digitaler Signatur aussehen könnte. Da die Anwendung an anderer Stelle dieser Publikation beschrieben wird, soll hier nicht weiter darauf eingegangen werden.

4 Erforderliche Rahmenbedingungen

Um in der vorab skizzierten rechtlichen und aktuellen technischen Situation im Bezug auf den Einsatz einer digitalen Signatur im Gesamtkonzept einer Sicherheitsinfrastruktur im deutschen Gesundheitswesen voranzukommen, wurde im Februar 1995 die „ Arbeitsgemeinschaft Karten im Gesundheitswesen" gegründet. Hier sind alle derzeit laufenden oder geplanten Projekte eingebunden. Zwei der von der Arbeitsgemeinschaft initiierten Arbeitskreise beschäftigen sich auch mit dem hier relevanten Aspekt der sicheren Übertragung von Informationen, z.B. auch mittels einer digitalen Signatur. Sie seien hier kurz dargestellt:

4.1 Arbeitskreis „Health Professional Card"

Dieser Arbeitskreis erarbeitet eine nationale Strategie zur Einführung einer ´Health Professional Card´ in Deutschland. Unter anderem soll die Frage beantwortet werden, was man mit einer derartigen Karte erreichen bzw. steuern will. Soll eine „Arztkarte" als Zugangs- oder Ausweiskarte auch die Möglichkeit einer digitalen Signatur beinhalten, wie es z.B. die Franzosen (GIP/CPS) vorgesehen haben, und wenn ja, mittels welchen Algorithmus´ soll dies gewährleistet werden.

4.2 Arbeitskreis „Sicherheitsinfrastruktur"

Der Arbeitskreis „Sicherheitsinfrastruktur" hat es sich zur Aufgabe gemacht, die Anforderungen an die Datensicherheit im Gesundheitswesen anhand von Scenarien festzustellen und entsprechende Empfehlungen zu geben. Auch hier ist man sich bewußt, daß der Weg zu einem endgültigen Konzept durch viele kleinere Schritte gekennzeichnet ist, die jeder für sich auf der Basis der jeweiligen zur Verfügung stehenden Infrastruktur ein höchstmögliches, praktikables Maß an Sicherheit gewährleisten müssen. Die digitale Signatur steht hier für eine ausgereifte Möglichkeit einer sicheren, verläßlichen Datenübermittlung.

5 Europäische Situation (Standardisierung)

Auf europäischer Ebene sind intensive Bemühungen im Gange, um die Belange des Gesundheitswesens im Bereich IT voranzutreiben. Insbesondere die „Technical Committees" (TC) 224 und 251 des CEN (Central European Standardization Organization) mit ihren Arbeitsgruppen (WG=Working Group) 12 bzw 7 bemühen sich mit Nachdruck um die Definition europäischer Standards.

5.1 Working Group 12 des TC 224 „Machine readable Cards"

Die WG 12 befaßt sich vornehmlich mit der technischen Umsetzung von Karten- und Sicherheitsfunktionen im Gesundheitswesen. Wichtiger Input soll hierbei durch die Arbeit der WG 7 des TC 251 erfolgen.

5.1.1 Work Item „Health Professional Card"

Im benachbarten Ausland ist die Definition bezüglich des Einsatzes einer digitalen Signatur bereits wesentlich weiter fortgeschritten als in Deutschland. So hat Frankreich einen Vorschlag in die Standardisierung eingebracht , der als Work Item „Health Professional Card „ in den Arbeitsplan der Arbeitsgruppe aufgenommen wurde. Diese Health Professional Card, die bereits nächstes Jahr in Frankreich eingeführt werden soll, beinhaltet auch die Möglichkeit einer digitalen Signatur mittels des RSA-Verfahrens (GIP/CPS).

Ob derartige Funktionalitäten auch in Deutschland Anwendung finden sollen, muß derzeit noch geklärt werden (siehe 4.1).

5.2 Working Group 6 des TC 251 „Health Care Security and Privacy,Quality and Safety"

Die Sicherheitsaspekte in der Medizinischen Informatik werden neben der WG 7 des TC 251 vor allem von der WG 6 wahrgenommen. Einer der Arbeitsschwerpunkte beschäftigt sich mit dem europaweiten Einsatz der digitalen Signatur.

Derzeit befindet sich der Entwurf des Work Item 6.13 „Algorithm for digital signature services in healthcare" (ADSS) im Abstimmungsprozeß. Diese Arbeit hat zum Ziel, einen Algorithmus zur Verfügung zu stellen, der in den Anwendungen des Gesundheitswesens eingesetzt werden kann, die digitale Signaturen benötigen.

6 Ausblick

National und international setzt sich die Informationstechnik mit und ohne Karten im Gesundheitswesen und die Forderung nach Vernetzung aller bei der Patientenversorgung beteiligten Berufe und Institutionen immer mehr durch. Während die technischen Voraussetzungen dafür weitgehend vorhanden sind, mangelt es überwiegend an einer einheitlichen technischen Infrastruktur der Endnutzer und insbesondere an verbindlichen Vereinbarungen zum Einsatz einer allgemein akzeptierten, den Forderungen der Schweigepflicht und des Datenschutzes gerecht werdenden „Sicherheits-Infrastruktur".

Der Aufbruch in das „Informationszeitalter", wie von den G 7-Nationen proklamiert und exemplarisch am Gesundheitswesen darzustellen, wird nur dann gelingen, wenn mit Behutsamkeit und Verantwortungsbewußtsein die Methoden und Möglichkeiten ausgeschöpft werden, die das „informationelle Selbstbestimmungsrecht des Bürgers", seinen Anspruch auf Vertraulichkeit und Unverletzlichkeit seiner Privatsphäre würdigen.

W. Engelmann
B. Struif
P. Wohlmacher

2 Anwendungsbeispiele der digitalen Signatur: elektronisches Rezept, elektronischer Notfallausweis und elektronischer Führerschein

1 Vorbemerkung

Die Realisierung von Sicherheitsfunktionen für vertrauliche elektronische Kommunikation, der gesicherte Zugang zu Computern sowie zu elektronischen Dienstleistungen und die Bereitstellung persönlicher, miniaturisierter Datenträger sind bei der Installation neuer Techniken im Zusammenhang neuer Dienstleistungen von großer Bedeutung. Intelligente Chipkarten (sogenannte SmartCards) können sehr gut als multifunktionales Werkzeug und personenorientiertes Sicherheitsinstrument eingesetzt werden.

Auf der Basis von STARCOS®-SmartCards [6], einer Gemeinschaftsentwicklung von G+D (Giesecke & Devrient) und der GMD, hat die GMD die drei folgenden Modellimplementationen realisiert: das elektronische Rezept, den elektronischen Notfallausweis und den elektronischen Führerschein.

Die Datenintegrität und die Datenauthentizität der elektronischen Dokumente sind durch den Einsatz der „digitalen Signatur" [4] und Aspekte des Datenschutzes durch die Verwendung von geeigneten kryptographischen Verfahren wie etwa „Shared Secret"-Systemen [1] gewährleistet. Überlegungen zum Einsichtsrecht der Karteninhaber sind angestellt, aber erst in Ansätzen technisch realisiert.

2 Das elektronische Rezept

2.1 Ausgangssituation

Über 500 Millionen Papierrezepte werden derzeit in der BRD pro Jahr ausgestellt. Die Bearbeitung dieser Rezepte in den Apotheken, in den Apothekenrechenzentren und bei den Krankenkassen ist aufwendig und kostenintensiv.

In immer mehr Arztpraxen werden Rezepte auf dem Computer erstellt, und diese Entwicklung wurde durch das bundesweite Einführen der Krankenversichertenkarte noch verstärkt. Das in den meisten Arztpraxen mit Hilfe von Textverarbeitungsprogrammen erstellte Rezept wird jedoch bislang nur zum Drucken des Papierrezeptes genutzt, nicht aber für eine weitere elektronische Verarbeitung.

Die elektronische Weiterverarbeitung der bereits erhobenen Daten soll nun das als Prototyp implementierte elektronische Rezept leisten. Es soll darüberhinaus den Anforderungen des Datenschutzes insofern gerecht werden, als es durch die Verwendung von Pseudonymisierungstechniken den Gefahren „gläserner Patient" und „gläserner Arzt" entgegenwirkt.

2.2 Das Modell

Das Modell „Das elektronische Rezept" greift exemplarisch die drei folgenden Handlungszusammenhänge aus den Szenarien Arztpraxis, Apotheke und Abrechnungsstelle heraus:

1. Die Arztpraxis: Die Krankenversichertendaten, das digitalisierte Paßbild und die Daten bisheriger Medikationen werden aus der SmartCard des Patienten (im folgenden Patientenkarte genannt) gelesen. Der Arzt hat die Möglichkeit, die neu zu verordnenden Medikamente auf Verträglichkeit mit jenen zu prüfen, die in der Medikation bereits eingetragen sind. Die

Medikation beinhaltet neben rezeptpflichtigen auch nichtrezeptpflichtige Medikamente (sogenannte Selbstmedikation). Das elektronische Rezept wird vom behandelnden Arzt erstellt, mit einer digitalen Signatur versehen und in die Patientenkarte eingetragen. Bei Verabreichung von Medikamenten während der ärztlichen Konsultation können diese ebenfalls in der Medikation eingetragen werden .

2. Die Apotheke: Das elektronische Rezept, das digitalisierte Paßbild und die Daten bisheriger Medikationen werden aus der Patientenkarte gelesen. Der Apotheker hat die Möglichkeit, die Medikamente des Rezeptes auf Verträglichkeit mit den bisher auf der Patientenkarte gespeicherten Medikamenten zu prüfen. Die Signatur des Arztes unter dem Rezept wird überprüft und das Rezept anschließend, mit Zusatzinformationen (z.B. Apothekenkennung) versehen, auf elektronischem Wege als Abrechnungsdatensatz zur weiterverarbeitenden Instanz übertragen.

3. Die Abrechnungsstelle: Im Apothekenrechenzentrum bzw. bei der Krankenkasse wird der Abrechnungsdatensatz automatisch weiterverarbeitet.

2.3 Sicherheit, Datenschutz und Einsichtsrecht

Das elektronische Rezept ist ein vor Manipulation schützenswertes Objekt. Für das Modell sind folgende Sicherheitsanforderungen von besonderer Bedeutung: Die notwendigen Interaktionen, die mit der Patientenkarte durchgeführt werden, wie Lesen, Schreiben und Löschen des elektronischen Rezeptes und der Medikationsdaten, dürfen nur autorisierten Personen (Arzt, Apotheker) möglich sein. Hierzu wird für den Arzt und den Apotheker jeweils eine eigene SmartCard (Arztkarte und Apothekerkarte) eingesetzt, mit Hilfe derer die entsprechenden Zugriffsautorisierungen sicher realisiert werden können. Datenintegrität und Datenauthentizität des Rezeptes sind durch die Verwendung der digitalen Signatur einwandfrei nachweisbar. Aus Datenschutzgründen enthält das elektronische Rezept nicht die Krankenversichertendaten des Patienten, sondern ein ihm zugeordnetes Pseudonym.

Auch die Daten des Arztes sind durch ein entsprechendes Pseudonym ersetzt [7].

In begründeten und z.B. vom Gesetzgeber zu spezifizierenden Ausnahmefällen ist es möglich, durch autorisierte Instanzen mit Hilfe von Re-Identifizierungskarten die Pseudonyme von Patient oder Arzt aufzulösen, so daß z.B. Ärzte bei „regelwidrigem Verhalten" identifiziert werden können. Zur Re-Identifizierung bedarf es des sogenannten „Vier-Augen-Prinzips".

Das Einsichtsrecht des Patienten in das Rezept wird dadurch realisiert, daß in der Arztpraxis neben dem elektronischen Rezept auch wie bisher das Papierrezept ausgegeben wird. Dieses dient auch als „Back-up", falls die Patientenkarte in der Apotheke nicht ausgelesen werden kann. Weiterhin nimmt der Patient Einfluß auf die Speicherung seiner Medikationsdaten. Er entscheidet, ob überhaupt und wenn ja, welche seiner Medikamente auf seiner Karte gespeichert werden. Seine Zustimmung ist zu jedem Zeitpunkt erforderlich.

Abb.: Chipkarten für die Anwendung „Das elektronische Rezept"

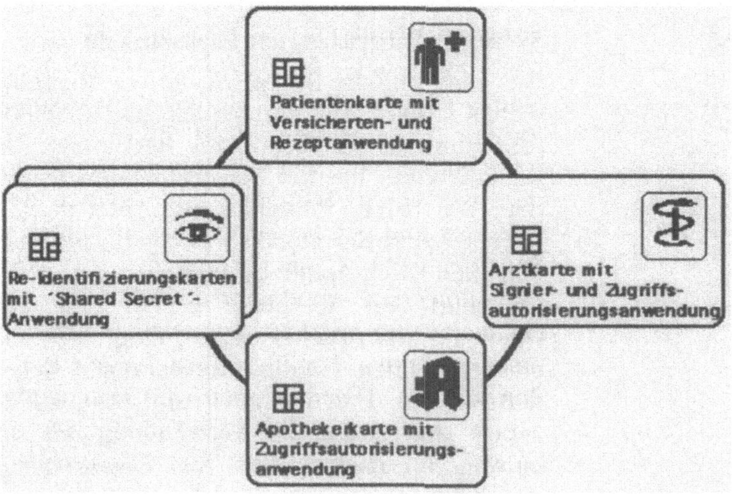

3 Der elektronische Notfallausweis

3.1 Ausgangssituation

Seit Jahren gibt es den Notfallausweis als Papierdokument. Er enthält alle Informationen, die in einem medizinischen Notfall, insbesondere bei Risikopatienten, wichtig sind. Der Notfallausweis in Papierform ist jedoch nicht geeignet, um

- die Notfalldaten elektronisch an den Ort zu übertragen, an dem sie z.B. zur Vorbereitung einer Operation benötigt werden,

- die Kenndaten des Patienten für Administrationszwecke elektronisch zu erfassen und

- Unbefugten die Einsicht in die Notfalldaten zu verwehren.

Durch Einsatz von SmardCards können ebenso wie mit dem Notfallausweis in Papierform die notwendigen Informationen für die behandelnden Ärzte bereitgestellt werden. Darüberhinaus bietet der elektronische Notfallausweis

- die Möglichkeit einer besseren medizinischen Versorgung durch die schnellere Verfügbarkeit der per Funk vom Notarztwagen zur Unfallklinik übertragbaren, in elektronischer Form vorliegenden Notfalldaten,

- die Überprüfbarkeit der Daten auf Integrität und

- einen besseren Schutz der Notfalldaten gegen Einsicht durch Unbefugte.

3.2 Das Modell

Das Modell „Der elektronische Notfallausweis'' greift exemplarisch die drei folgenden Handlungszusammenhänge aus den Szenarien Arztpraxis, Notarzt-/Rettungswagen und Krankenhaus heraus:

1. Die Arztpraxis: Der Patient beantragt einmalig seinen elektronischen Notfallausweis. Bei einer Chipkarten-Personalisierungsinstanz wird die SmartCard des Patienten (im folgenden Notfallkarte genannt) mit seinen Kenndaten

und seinem digitalisierten Paßbild personalisiert. Die medizinischen Notfalldaten werden dann vom Arzt in die Notfallkarte eingetragen und der so vervollständigte, elektronische Notfallausweis mit der digitalen Signatur des ausstellenden Arztes versehen. Jeder weitere behandelnde Arzt kann gegebenenfalls die medizinischen Notfalldaten aktualisieren. Anschließend muß der Nofallausweis von ihm selbst digital unterschrieben werden.

2. Der Notarzt- oder Rettungswagen: Der elektronische Notfallausweis wird von Arzt oder Sanitäter aus der Notfallkarte gelesen und die digitale Signatur geprüft. Die Daten des Ausweises können per Funk an das Zielkrankenhaus übertragen werden.

3. Notfallkarteninhaber: Der Inhaber der Notfallkarte kann die Notfalldaten aus seiner Karte auslesen.

3.3   Sicherheit, Datenschutz und Einsichtsr echt

Der elektronische Notfallausweis muß aufgrund seiner sensiblen Daten vor unberechtigter Einsichtnahme und gegen Manipulation geschützt werden. Der Schreib- und Lesezugriff auf den Notfallausweis ist nur autorisierten Personen wie Arzt, Sanitäter und dem Patienten selbst gestattet [7].

Der Arzt erhält seine Berechtigung hierzu mit Hilfe seiner SmardCard (Arztkarte), indem er sich zunächst gegenüber dieser mit seiner PIN und anschließend die Arztkarte sich gegenüber der Notfallkarte auf der Basis eines sogenannten Challenge/Response-Verfahrens authentisiert.

Die Notfalldaten des Patienten werden in Präsenz des Patienten auf seine Notfallkarte eingetragen. Die Speicherung seines digitalen Paßbildes dient zur eindeutigen Zuordnung von Patient zu Notfalldaten.

Im Notarztwagen wird ein spezielles Endgerät mit einer Plug-in-Chipkarte (Notarztkarte) eingesetzt, mit der der Arzt bzw. Sanitäter die Berechtigung zum Lesen der Notfallkarte nachweist. Bei entsprechender Ausprägung kann das Gerät die Daten per Funk auch in verschlüsselter Form übertragen.

Der Inhaber der Notfallkarte kann sein Einsichtsrecht auf die in seiner Karte gespeicherten Notfalldaten wahrnehmen. Hierzu benötigt er ein chipkartenfähiges Endgerät mit entsprechender Software. Um Zugriff auf seine Daten zu erhalten, muß er sich gegenüber seiner Notfallkarte mit seiner PIN authentisieren.

Abb.: Chipkarten für die Anwendung „Der elektronische Notfallausweis"

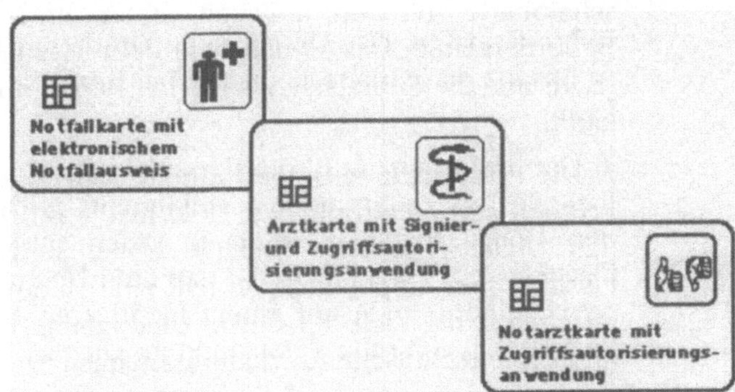

4   Der elektronische Führerschein

4.1   Ausgangssituation

Der Führerschein in Papierform ist häufig Gegenstand von Fälschungen, die sich oft nur sehr schwer feststellen lassen. Bei der Umstellung von bisher unbefristeten auf zeitlich befristet gültige Führerscheine, wie dies in einigen Ländern bereits praktiziert und auf europäischer Ebene [2] als mögliche neue Richtlinie diskutiert wird, spielt die Frage nach geeigneter Technik, Organisation und Sicherheit neben Kostenerwägungen eine wichtige Rolle.

Die Verwendung von SmartCards anstelle des herkömmlichen Führerscheindokuments trägt wesentlich zu

- höherer Fälschungssicherheit,

- vereinfachter Kontrolle und

- zur Verringerung des administrativen Aufwands

bei.

<table>
<tr><td>

4.2

</td><td>

Das Modell

Das Modell „Der elektronische Führerschein" spezifiziert die folgenden drei Instanzen:

1. Die Ausstellungsinstanz personalisiert, wie die bisherigen Führerscheininstanzen auch, das elektronische Führerscheindokument (Führerscheinkarte), d.h. sie versieht die Führerscheinkarte mit den üblichen, überprüften Personen- und Behördendaten. Das Modell sieht darüberhinaus vor, daß diese Instanz die Führerscheinkarte bei Bedarf auch modifizieren kann.

2. Die Prüfinstanz (z.B. die Verkehrspolizei) kann sowohl die Echtheit des elektronischen Dokuments prüfen als auch seinen Unikatscharakter. Wichtige Daten sind auch auf dem Plastikkörper aufgebracht, so daß eine Überprüfung der Führerscheinkarte auch auf einem niedrigeren Sicherheitsniveau und ohne technische Ausstattung möglich ist.

</td></tr>
</table>

Abb.: Elektronischer Führerschein und Zugriffsrechte

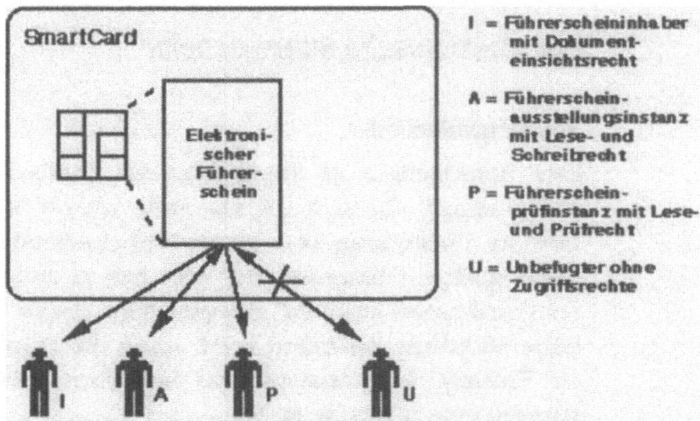

3. Der Führerscheininhaber hat im Modell prinzipiell das Recht, die auf seiner Führerscheinkarte eingetragenen Personen- und Behördendaten einzusehen; er soll jedoch kein Duplikat der Führerscheinkarte herstellen können.

4.3 **Technische Realisierung im Labor**

Den zuvor erwähnten Instanzen wurden drei Geräte zugeordnet: Workstation, Laptop und Palmtop. Die Ausstellungsinstanz erstellt die Führerscheinkarte mit Hilfe einer Ausstellungskarte auf der Workstation, die Prüfinstanz prüft das Führerscheindokument mit Hilfe ihrer Prüfkarte auf dem Laptop, und der Führerscheininhaber realisiert sein Einsichtsrecht auf dem Palmtop.

Alle drei Kartentypen, Ausstellungs-, Prüf- und Führerscheinkarte, sind durch PIN geschützt. Die Interaktion zwischen den Karten geschieht folgendermaßen: die Ausstellungs- und die Führerscheinkarte authentisieren sich gegenseitig, ebenso die Prüf- und die Führerscheinkarte, d.h. bei diesem Vorgang ist keine PIN-Eingabe des Führerscheininhabers erforderlich. Die Zugriffsrechte (vgl. Bild „Elektronischer Führerschein und Zugriffsrechte") sind folgendermaßen gestaltet: die Ausstellungsinstanz ist lese- und schreibberechtigt (modifizierungsberechtigt), die Prüfinstanz ist lese- und prüfberechtigt, der Führerscheininhaber ist nur leseberechtigt, d.h. er kann die ihn betreffenden Daten, jedoch nicht die zum Authentisierungsverfahren gehörigen Schlüssel lesen und somit kein Duplikat seiner Führerscheinkarte erzeugen.

Der elektronische Führerschein enthält Datenobjekte, wie sie auf europäischer Ebene von der CEN/TC224/WG11 'Transport Applications' [3] vorgeschlagen wurden, daneben aber auch zwei Bilddatenobjekte in digitalisierter und komprimierter Form gemäß ISO 7816-6 [5]: das Foto des Führerscheininhabers und dessen handgeschriebene Unterschrift.

5   **Ausblick**

Seit Anfang 1995 gibt es in Deutschland die Arbeitsgemeinschaft „Karten im Gesundheitswesen", die sich mit der Einführung von sogenannten Health Professional Cards (hierzu zählen die in unseren Modellen beschriebenen Arzt- und Apothekerkarten) und der Patientenkarte beschäftigt. Als mögliche Anwendungsbereiche der Karten stehen auch das elektronische Rezept, Medikation und elektronischer Notfallausweis zur Diskussion. Auf der Health Cards 95 werden erste Ergebnisse der Arbeitskreise der Arbeitsgemeinschaft „Karten im Gesundheitswesen" vorgestellt werden.

Die im elektronischen Rezept, Notfallausweis und Führerschein verwendeten Datenobjekte „digitalisiertes Paßfoto" und „digitalisierte handgeschriebene Unterschrift" können auch in anderen elektronischen Dokumenten, in denen der Gesetzgeber Foto und handgeschriebene Unterschrift verlangt, benutzt werden.

Um das in der Vorbemerkung erwähnte Einsichtsrecht des Karteninhabers zu verwirklichen, lassen sich die drei folgenden Realisierungen vorstellen:

- die Ausstattung mit Kartenlesegeräten (separates Kartenterminal oder PC-integriertes Bauteil),

- der Zugang über öffentliche Kartenterminals,

- die zu diskutierende Verpflichtung der Ausstellungs- und Prüfinstanzen, dem Karteninhaber auf Wunsch Papierausdrucke (Hardcopies) zur Verfügung zu stellen.

Literatur

[1]   Beutelspacher, Albrecht: „Shared Secret"-Systeme und ihre Anwendung in einer „Trust Center"-Umgebung,TeleTrusT-Publikation „Kommunikation & Sicherheit", Darmstadt 1992, S. 31-33.

[2]   Bevac Consulting Engineers: Machbarkeitsstudie für einen EG-weiten elektronischen Führerschein (Abschlußbericht), Nov. 1991.

[3]   CEN/TC224/WG11: Identification card systems - Surface transport applications - Part 1: Description of card related data elements (prEN 1545-1) and Part 2: Use of card related data elements (prEN1545-2) , Aug. 1994.

[4]   Gürgens, Sigrid und Herda, Siegfried: Digitale Unterschriften und Hash-Funktionen, TeleTrusT-Publikation „Kommunikation & Sicherheit", Darmstadt 1992, S. 3-10.

[5]   ISO/IEC 7816-6: Identification cards - Integrated circuit(s) cards with contacts - Part 6: Interindustry data elements, DIS, 1995.

[6]   Struif, Bruno: Das SmartCard-Anwendungspaket STARCOS, GMD-Spiegel 1'92, März 1992, S. 28-34.

[7]   Struif, Bruno: Datenschutz am Beispiel „Elektronisches Rezept" und „Elektronischer Notfallausweis", Tagungsunterlagen TeleTrust-Konferenz „Vertrauenswürdige Informationstechnik in Medizin und Gesundheitsverwaltung", Bonn, Sept. 1994.

H.-J. Hähn

3 Sicherheit bei der DFÜ im Gesundheitswesen

1 Einleitung und Abgrenzung

Im Bereich des Gesundheitswesens ist die Vertrauenswürdigkeit der Informationstechnik und der Realisierung entsprechender flankierender Maßnahmen technischer und organisatorischer Art besonders wichtig, denn ein informationstechnischer Verbund erzeugt natürlich durch die Einbeziehung von Patientendaten eine enorme Breitenwirkung und damit ein Spannungsumfeld, das es nicht erlaubt, Fragen des Datenschutzes unvollständig zu beantworten oder Kompromisse bei der Sicherung von Daten vor unberechtigtem Zugriff zu schließen.

Unter Sicherheit wird in erster Linie der Schutz personenbezogener Daten vor unbefugtem Zugriff und unbefugter Verarbeitung verstanden. Wichtig ist aber auch, daß die gespeicherten Daten korrekt zusammengeführt und gegen Verlust und Verfälschung geschützt sind.

Verschiedene Aspekte müssen also auch bei der Datenübertragung berücksichtigt werden, die üblicherweise mit den Begriffen Vertraulichkeit und Integrität bezeichnet werden.

Die technischen Vorkehrungen zu diesen Forderungen lauten **Digitale Signatur** und **Verschlüsselung**. Die in diesem Zusammenhang benötigten Schlüssel und deren Bereitstellung stellen in großen Kommunikationsverbunden hohe administrative Anforderungen.

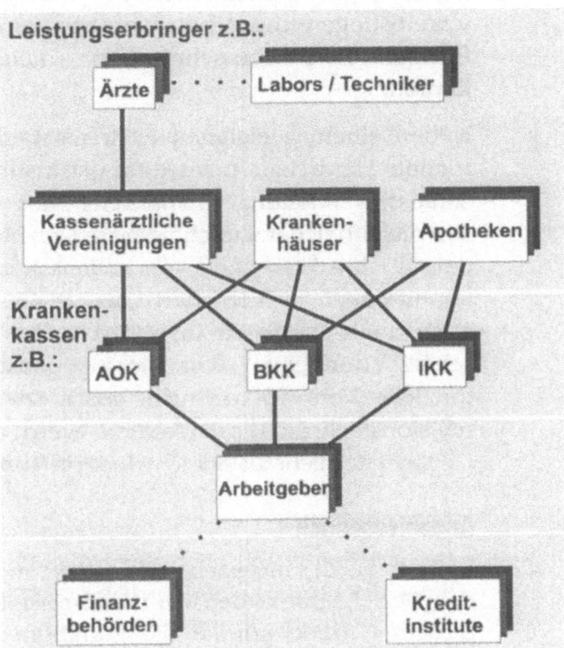

Neben den technischen Sicherheitsmaßnahmen zur Durchführung einer vertrauenswürdigen Kommunikation sind auch die organisatorischen flankierenden Maßnahmen zu berücksichtigen, die nicht unabhängig von der Technik diskutiert werden können.

1.1 Technische Ansprüche an Übertragungssicherheit

Daten im Gesundheitswesen sind in erster Linie Daten, die personengebunden sind und daher einen besonderen Stellenwert und damit Schutzwert genießen. Hieraus ist unmittelbar abzuleiten, daß die Sicherheitsmaßnahmen dem aktuellen Stand der Technik entsprechen müssen. Im Gesundheitswesen ist eine heterogene DV-Landschaft anzutreffen.

Die Verwendung von Hardwarelösungen zur Beantwortung der Sicherheitsproblematik innerhalb von lokalen Sicherheitsumgebungen schafft nahezu immer die Abhängigkeit von Betriebssystemumgebungen. Deshalb sollte im Sinne einer flexiblen und zukunftssicheren Konzeptionierung von Hard-warelösungen abgesehen werden, um hierdurch einen langfristigen Investitionsschutz des Kunden gewährleisten zu können.

Neben einem geeigneten Filetransferverfahren, das die heterogene Landschaft unterstützt, ist auch ein Szenario für die Schlüsselverwaltung vorzusehen, das geeignet ist, den Benutzer nicht bei der Durchführung seiner Aktivitäten zu behindern. Das Austauschen von nicht schutzbedürftigen Informationen darf nicht behindert sein, da mit zunehmender Vernetzung auch Instanzen involviert sein werden, die nicht mit schutzbedürftigen Informationen bedacht werden. Der irrtümliche Versand von nicht geschützten Informationen muß revisionstechnisch protokolliert werden, und darf von der Gegenseite nicht als Standardoption akzeptiert werden.

1.2   Angemessenheit

Bei der Forderung nach dem aktuellen Stand der Technik ist der Gesichtspunkt der Verhältnismäßigkeit zu beachten. Aus diesem Grunde könnte die Funktion von digitaler Signatur und Verschlüsselung - unter dem Aspekt des damit verbundenen hohen technischen und organisatorischen Aufwands - kritisiert werden.

2   Security-Konzept für das Krankenkassen-Kommunikations-System KKS

2.1   Ausgangssituation

Der Transfer von Daten mit vertraulichem Inhalt im Gesundheitswesen wird zunehmend zur täglichen Notwendigkeit. Die dafür benötigten technischen und organisatorischen Voraussetzungen sind in den letzten Jahren auch durch den vermehrten Einsatz standardisierter Verfahren ständig verbessert worden und ermöglichen es heute, Daten auch über große Entfernungen in öffentlichen und privaten Netzen zwischen unterschiedlichsten Systemen zu übertragen.

Neben dem rein technischen Aspekt des Transfers von Daten spielen insbesondere die Integrität und Authentizität der Daten eine immer größere Rolle. So können sicherheitsrelevante Daten abgehört, ihr Inhalt verfälscht oder gelöscht werden und es können von außen unter Umständen unberechtigte Personen Daten in öffentliche und private Netze einschleusen. Die Lösung solcher Probleme setzt die Entwicklung und Verfügbarkeit von Verfahren zur Authentifizierung (Identitäts- und Berechtigungsüberprüfung) sowie zur Ver- und Entschlüsselung voraus, die geeignet in sicherheitsrelevante Transferanwendungen integriert werden müssen.

2.2 Dateiorganisation und Verschlüsselung

Das in der Krankenkassen-Kommunikations-System-Soft-ware angewendete Verfahren ist dateiorientiert und somit unabhängig von der Struktur der Daten. Hierbei wird die Verschlüsselung von vollständigen Dateien vorgenommen, wobei es unerheblich ist, ob diese Daten eine normierte Struktur aufweisen oder individuell strukturiert sind. Als begleitendes Element ist der verschlüsselten und signierten Datei eine kurze ASCII Datei beigefügt, die lediglich beschreibende Elemente der zu übertragenden Datei enthält. Insbesondere weist diese Datei keine sicherheitsrelevanten Einträge auf und kann daher unverschlüsselt übertragen werden. Die optionale Möglichkeit der Auswertung dieses „Lieferscheins" in Hinblick auf Routing-Informationen kann hierbei verwendet werden, um Daten dem logischen Empfänger - der mit dem physikalischen Erstempfänger nicht identisch sein muß - zuzuordnen und erst dort zu entschlüsseln. Im Bereich des Electronic-Banking ist dieses Verfahren als „Datenträgerbegleitzettel" seit Jahren etabliert.

Die im Gesundheitswesen zur Übertragung kommenden Dateien haben insbesondere im Leistungserbringerbereich an den EDIFACT-Standard angenäherte Datenformate. Hierdurch ergibt sich rein prinzipiell die optionale Möglichkeit, die personengebundenen Datenstrukturen von den inhaltlichen Strukturen zu separieren und nur eine satzorientierte Verschlüsselung der sicherheitsrelevanten Datensätze vorzunehmen. Die hierfür vorzuhaltende Software ist streng von der Dateiorganisation abhängig. Für Daten, die eine von der EDIFACT-Syntax abweichende Struktur haben ist dieses Verfahren nicht anwendbar. Die satzweise Verschlüsselung von Daten im EDIFACT-Format ist somit als spezielle Variante zu interpretieren, die jedoch technisch gesehen durchführbar wäre, falls die entsprechenden UN-Schriften dafür allgemeingültig vorlägen.

Die Komprimierung der Daten erfolgt bei letztgenanntem Verfahren ebenfalls satzorientiert und somit abhängig von der Dateistruktur. Bei KKS ist auch die Komprimierung dateiorientiert und daher unabhäng von der Dateistruktur.

Das in das KKS-Verfahren eingebettete Softwareprodukt **OSILINK Security**[1] ist ein speziell für den gesicherten Austausch von Dateien konzipiertes Verfahren und eignet sich deshalb für die Integration in alle Filetransfer- und E-Mail-orientierten DFÜ-Anwendungen im Gesundheitswesen.

OSILINK Security realisiert die **Authentifizierung** durch eine digitale Signatur mittels des **RSA-Verfahrens** nach **R**ivest, **S**hamir und **A**dleman. Dieses Verfahren gilt bis heute als nicht korrumpierbar, d.h. es garantiert eine absolut sichere Authentifizierung von Kommunikationspartnern, die untereinander vertrauliche Daten transferieren.

Die sichere und schnelle **Ver- und Entschlüsselung** wird durch eine Kombination von RSA und **DES (D**ata **E**ncryption **S**tandard**)** Verfahren erreicht. Das DES Verfahren entspricht dabei einem 1977 von der US Regierung definierten ANSI Standard und eignet sich aufgrund der hohen Verarbeitungsgeschwindigkeit besonders für die Ver- und Entschlüsselung von großen Dateien. Die Verbindung mit dem RSA Verfahren garantiert, daß verschlüsselte Dateien nicht von unberechtigten Dritten sondern nur vom berechtigten Empfänger entschlüsselt werden können.

---

[1] OSILINK Security ist ein Produkt der Telenet GmbH, München

Neben den Sicherheitsaspekten, die im Gesundheitswesen beachtet werden müssen, spielen auch wirtschaftliche Argumente beim Transfer von Daten eine Rolle. So verursachen gerade große Dateien bei der Nutzung öffentlicher Netze Kosten, die durch eine entsprechende Komprimierung der Daten stark gesenkt werden können. OSILINK Security stellt auch hier ein entsprechendes Verfahren zur Verfügung, mit dem Dateien beim Absender komprimiert und beim Empfänger entsprechend wieder aufgebaut werden können. OSILINK Security verbindet somit Sicherheitsverfahren mit kostensenkenden Möglichkeiten beim Transfer von Dateien.

2.3 Schlüsselerzeugung und -verteilung

Genauso wie ein Safe mit einem Schlüssel gesichert wird, benötigen Verfahren zur Ver- und Entschlüsselung sowie zur Authentifizierung Schlüssel, mit denen sie ihre Funktionalität erbringen können. Die Schlüssel steuern dabei den RSA- und DES-Algorithmus und garantieren die Sicherheit des eingesetzten Verfahrens. Die unterschiedlichen Konzepte erfordern dabei jeweils eine andere Vorgehensweise bei der Schlüsselerzeugung und -verteilung.

Beim DES-Verfahren verfügen Absender und Empfänger einer Datei über denselben Schlüssel zur Ver- und Entschlüsselung. Es handelt sich dabei um ein symmetrisches Konzept. Problematisch bei symmetrischen Verfahren ist die sichere Verteilung der Schlüssel. Dieses Problem wird in Verbindung mit dem RSA Verfahren gelöst.

Das RSA Verfahren basiert auf einem asymmetrischen Konzept und arbeitet mit einem Schlüsselpaar, dem sogenannten öffentlichen und geheimen Schlüssel. Der öffentliche Schlüssel kann dabei für jeden zugänglich gemacht werden, während der geheime Schlüssel, ähnlich der Geheimzahl einer Scheckkarte, nur der Person bekannt sein darf, die eine sicherheitsrelevante Funktion ausführen will. Die Erzeugung und Verteilung solcher RSA Schlüsselpaare ist ein wichtiger Bestandteil von KKS und kann generell auf zentrale oder dezentrale Weise erfolgen.

2.4   Erzeugung und Prüfung der Digitalen Signatur

Durch die digitale Signatur einer Datei kann mit KKS sichergestellt werden, daß die unterschriebene Datei tatsächlich vom Unterzeichner stammt (Authentifizierung) und daß sie während des Transfers nicht verfälscht wurde (Originalität).

Neben der Überprüfung des Absenders (Authentizität) und des Originalzustandes der empfangenen Datei kann der Empfänger jederzeit beweisen, daß er tatsächlich von dem Unterzeichner eine entsprechende Datei empfangen hat. Falls der Unterzeichner dies leugnet, kann der Empfänger sowohl die Nachricht als auch das mit dem geheimen Schlüssel des Absenders verschlüsselte Hash-Komprimat vorlegen. Mit Hilfe des öffentlichen Schlüssels ist nun überprüfbar, daß der verschlüsselte Header und das Original übereinstimmen. Da der Empfänger den geheimen Schlüssel des Absenders nicht kennt, kann nur der Absender die Datei versendet und digital signiert haben.

2.5   Ver- und Entschlüsselung mit RSA- und DES-Verfahren

KKS führt die Verschlüsselung der zu transferierenden Daten mit dem hochperformanten DES-Algorithmus durch. Um die bereits angesprochene Problematik der sicheren DES-Schlüsselverteilung zu lösen, wird parallel dazu das RSA-Verfahren eingesetzt.

2.6   **Behandlung von Datenträgern**

Der bisher diskutierte Funktionsumfang legt aufgrund der systemtechnischen Nähe zum KKS-Verfahren die Assoziation nahe, daß hier nur die Übertragung von Dateien via DFÜ gemeint ist. Es soll daher ausdrücklich darauf hingewiesen werden, daß die zum Einsatz kommenden Funktionen selbstverständlich auch geeignet sind, Dateien auf beliebigen Datenträgern zu verschlüsseln bzw. digital zu signieren.

2.7   **Systembasis und Integrationsmöglichkeiten**

Die Sicherheitskomponente von KKS ist auf vielen Systemplattformen verfügbar. Im wesentlichen sind dies MS-DOS®, MS-Windows™, OS/2, UNIX (SCO, AIX, SINIX, MVS und andere). Diese kann problemlos auf weitere Plattformen portiert werden und in Verbindung mit anderen Transferverfahren wie z.B. X.400, TCP/IP, verwendet werden.

3   Schlüsselmanagement in großen Verbundsystemen

Nachdem die Verfahren zur Schlüsselgenerierung erläutert worden sind, soll nun auf die Problematik der Schlüsselverwaltung und -Verteilung eingegangen werden.

Ohne den Einsatz eines Directory-Systems würde der organisatorische Aufwand für die Adminstration der einzelnen Systeme mit wachsender Größe des Verbundsystems ins Unermeßliche steigen. Der Vorteil bei der Verwendung eines Directory Systems besteht darin, daß die für die Kommunikation benötigten komplexen und häufigeren Änderungen unterworfenen Daten wie Adreßbestandteile oder Public Keys unter anwendungsgerechten, wenig veränderlichen Namen im Sinne eines elektronischen Auskunftsystems bereitgestellt werden. Damit kann die lokale Systemadministration erheblich vereinfacht werden, da hier nur noch die logischen Namen der Kommunikationspartner bekanntgemacht werden müssen.

3.1 Funktion des Directory-Systems im Kommunikationsverbund

Directory-Systeme werden in großen DFÜ-Verbundsystemen benötigt, um die erforderliche Information über die beteiligten Kommunikationspartnersysteme zu speichern und global verfügbar machen zu können.

Typische Informationen, die in einem Directory-System verwaltet werden, sind:

- Namen von erreichbaren Kommunikationspartnern,
- Adressen,
- sicherheitsrelevante Parameter (Paßworte, Schlüssel),
- weitere partnerspezifische Informationen wie Ansprechpartner, Telefon, ...

Ein Directory-System verwaltet die für die Kommunikation mit Partnersystemen benötigte Information und stellt Funktionen bereit, um diese Information einzustellen bzw. aufzufinden. Gemäß CCITT-Empfehlung X.500 besteht ein Directory-System aus eine Menge von „Directory Service Agents (DSA)", die miteinander kommunizieren und die Informationen verwalten, intern verteilen und somit global verfügbar machen. Der Zugriff auf das Directory-System erfolgt über einen „Directory User Agent (DUA)", der innerhalb der kommunizierenden Systeme selbst angesiedelt ist und den Kommunikationsanwendungen eine Schnittstelle zu den Directory-Diensten bereitstellt. Die Kommunikation zwischen DUA und DSA erfolgt über ein standardisiertes Protokoll, das „Directory Access Protocol (DAP)".

3.2 Schlüsselmanagement gemäß X.509

Die zur Sicherung der Datenübertragung gebräuchlichen Verfahren für „Verschlüsselung" und „Digitale Signatur" basieren auf einem Paar von Schlüsseln, wobei der eine Schlüssel (der sogenannte „private key") von seinem Besitzer streng geheim gehalten werden muß, während der andere Schlüssel (der public key) veröffentlicht und den potentiellen Kommunikationspartnern zugänglich gemacht werden muß. Information, die mit dem einen Schlüssel verschlüsselt wurde, kann mit dem anderen (und nur mit diesem) entschlüsselt werden.

Für die allgemeine Bereitstellung von „public keys" bieten sich Directory-Systeme an. In einem X.500-basierten verteilten Directory-System werden eingestellte Informationen - möglicherweise beschränkt durch Zugangskontrollmechanismen - allgemein und über Rechner- und Organisationsgrenzen hinweg zugänglich gemacht. Damit ist sichergestellt, daß ein Benutzer „A", der mit Benutzer „B" kommunizieren möchte, den „public key" von Benutzer „B" ermitteln kann, ohne daß vorab bilaterale Vorkehrungen getroffen werden müssen.

Allerdings ist zu beachten, daß ein öffentlicher Schlüssel nicht einfach ungeschützt ins Directory abgelegt werden kann. Es könnte sonst allzu leicht von einem Dritten ein gefälschter Schlüssel eingestellt werden. Es muß deshalb sichergestellt werden, daß ein öffentlicher Schlüssel auch wirklich zu dem vermeintlichen Besitzer gehört. Hierzu werden in X.509 Verfahren beschrieben.

Das Verfahren sieht sogenannte Trust-Center vor, über die Schlüssel in das Directory eingestellt werden. Ein Trust-Center ist eine Einrichtung, die für eine Gruppe von Benutzern bei der Generierung von neuen Schlüsseln die Echtheit des erzeugten öffentlichen Schlüssels prüft und diesen entsprechend zertifiziert ins Directory einstellt. Im folgenden wird auf die Schlüsselgenerierung und auf die Zertifizierung näher eingegangen.

3.3 Zertifizierung

Die Zertifizierung eines übermittelten öffentlichen Schlüssels erfolgt durch das Bilden einer digitalen Signatur. Dazu wird der im Trust-Center geprüfte Schlüssel des Endbenutzers mit dem privaten Schlüssel des Trust-Centers „signiert". Der Schlüssel wird zusammen mit dieser Signatur als ein sogenanntes „Zertifikat" unter dem Eintrag des Besitzers ins Directory gestellt. Der öffentliche Schlüssel des Trust-Centers wird nicht über das Directory, sondern über einen alternativen

Weg (z.B. durch unterschriebenes Rundschreiben, Veröffentlichung in einem offiziellen Mitteilungsblatt o.ä. bekannt gemacht, man spricht hier von einem „Common Point of Trust").

Das im Directory bereitgestellte Zertifikat eines Benutzers enthält neben dem öffentlichen Schlüssel des Benutzers und der digitalen Signatur des zugehörigen Trust-Centers weitere Informationen wie z.B. die Gültigkeitsdauer des Schlüssels.

3.4   Einsatz mehrerer Trust-Center

In großen Verbundsystemen wird man aus organisatorischen Gründen möglicherweise nicht mit einer einzelnen Trust-Center-Einrichtung arbeiten müssen.

4   Funktionen des Krankenkassen-Kommunikations-Systems KKS

Das Dateiübertragungsverfahren **KKS** ist für den Datenaustausch im Gesundheitswesen konzipiert worden und stellt eine flexible Lösung dar.

KKS unterstützt die Security-Funktionen „Digitale Signatur" und „Verschlüsselung". Diese Funktionen basieren auf einem asymmetrischen Verschlüsselungsverfahren. Die Generierung eines Schlüsselpaares für den Anwender erfolgt durch KKS. Das Krankenkassen-Kommunikations-System gibt die Schlüssel entweder direkt an die Kommunikationspartner weiter, oder kommuniziert mit einem Trust-Center, das die Verwaltung und Verteilung der öffentlichen Schlüssel vornimmt.

Für die Übertragung der Dateien wird das einheitliche, internationale Normen unterstützende Filetransferverfahren **FTAM** eingesetzt. Derzeit wird das ISDN Netz der Telekom genutzt. In späteren Versionen ist die Integration von DATEX-P vorgesehen.

Die erforderlichen Prozesse zum Erzeugen, Versenden, Empfangen und Nachverarbeiten von Aufträgen werden unter der Oberfläche von KKS vorgehalten. Die lokale Verwaltung der Schlüssel ist durch umfangreiche Optionen bezüglich der Konfiguration an individuelle Erfordernisse anpassbar. Durch umfangreiche Logging-Funktionen sind die Ansprüche der Revision der einzelnen Institutionen abgedeckt. KKS ist unabhängig von Dateistrukturen und deckt somit die Erfordernisse einer EDIFACT-Syntax ebenso ab, wie die Übermittlung von individuell strukturierten Daten.

Für die Anbindung an Abrechnungssysteme bietet KKS neben der interaktiven Schnittstelle auch eine dateiorientierte Schnittstelle an, welche die Einbindung/Anpassung an die Abrechnungssysteme erlaubt.

Da KKS stark modular aufgebaut ist fällt eine Anpassung an verschiedene Einsatzgebiete im Gesundheitswesen nicht schwer. Derzeit wird KKS in einer Variante für den Datentransfer von Arbeitgebern zu Krankenkassen und in einer Version für den Datenaustausch mit Leistungserbringern vorgehalten.

C. Köhrer
D. Kruse

4 Anwendungen der digitalen Signatur - elektronischer Rechtsverkehr bei den Grundbuchämtern

1 Übersicht

Die zentralen Daten der Grundbuchämter sollen künftig elektronisch geführt werden. Zugriff haben die Rechtspfleger der Grundbuchämter, die Notare sowie weitere mit Grundbuchfragen beauftragte Auskunftsberechtigte (z.B. Banken). Die bisher bei der papiergebundenen Kommunikation gewohnten Sicherheiten sollen bei der elektronischen Kommunikation erhalten bleiben, ja sogar erweitert werden. Es besteht die Forderung, daß Grundbuchdaten nur von den berechtigten Personen geändert und eingesehen werden können.

Die Technik bietet mit der digitalen Signatur und kryptographischer Verschlüsselung Verfahren, die folgende Sicherheitsanforderungen erfüllen:

Verbindlichkeit der gespeicherten oder übertragenen Informationen. Gewährleistet werden dabei die Integrität der Daten und die Authentizität des Verfassers.

Vertraulichkeit, d.h. das Verbergen der Information gegenüber einem unberechtigten Dritten.

Während bisher Einträge und Änderungen im Grundbuch von autorisierten Bearbeitern handschriftlich unterzeichnet wurden und damit sowohl die Echtheit als auch die Richtigkeit des Eintrags bestätigt wurden, ist bei der elektronischen Bearbeitung und Übermittlung an die Aufbewahrungsstelle (Grundbuchamt-Zentrale) oder den Einsichtnehmer ein etwas anderer Weg zu beschreiten. Handunterschriften unter ein elektronisches Dokument könnten zwar problemlos erstellt werden, indem sie beispielsweise auf Papier geleistet, mittels eines Scanvorgangs erfaßt und elektronisch unter das Dokument gesetzt werden. Dies gewährleistet aber weder den Nachweis der Urheberschaft noch die Unversehrtheit der Daten, weil dieser Vorgang mit anderen (z.B. von anderen Dokumenten) eingescannten Unterschriften durchgeführt werden könnte. Was hier nämlich fehlt, ist der erforderliche Bezug zum Inhalt des Dokumentes und die gesicherte Beziehung zwischen dem Dokument und seinem Verfasser.

Aufgaben der digitalen Signatur im Umfeld der Grundbuchlösung sind:

- Schutz der Grundbuchblatt-Einträge (GBB-Einträge) und der GBB-Dateien

- Verschlüsselung und Entschlüsselung von GBB-Daten

- Authentisierung zwischen lokalem Grundbuchamt-Rechner (GBA-Rechner) und GBA- Zentrale

2   Wie wird digital signiert?

Für das Erzeugen und Prüfen digitaler Signaturen benutzt man asymmetrische Kryptosysteme, z.B. das RSA-Verfahren (benannt nach den Erfindern Rivest, Shamir, Adleman), bei dem jeder Teilnehmer ein Schlüsselpaar hat, bestehend aus einem privaten Schlüssel (Secret Key) und einem dazu passenden öffentlichen Schlüssel (Public Key). Vereinfacht läuft der Signaturvorgang so ab: Der Unterschreibende besitzt eine Chipkarte, in der sein geheimer Signaturschlüssel eingespeichert ist. Nach der Fertigstellung des Dokumentes (Text) wird der Signiervorgang (Mausklick) gestartet und der Bediener auf dem Bildschirm aufgefordert, seine Chipkarte in den zum

PC gehörenden Chipkartenleser zu stecken. Jetzt bildet der Rechner aus dem zu unterschreibenden Text ein Komprimat, das anschließend mit einem Algorithmus und dem privaten Schlüssel (Signaturschlüssel aus der Chipkarte) verschlüsselt wird. Das dabei entstehende Bitmuster ist die digitale Signatur. Ganz wichtig ist dabei: Die Signatur wird mit dem Signaturschlüssel u n d dem Inhalt des Textes gebildet. Es besteht also eine ganz enge untrennbare Beziehung zwischen Signatur und Text. Das ist für die Integrität des Textes von entscheidender Bedeutung. Wenn nämlich der Text nach der Signierung geändert wird und sei es nur durch ein einziges Bit, würde das bei der Signaturprüfung bemerkt werden. Der Empfänger entschlüsselt die Signatur mit dem öffentlichen Schlüssel und nur wenn der zum öffentlichen Schlüssel passende private Schlüssel verwendet wurde, ergibt sich Übereinstimmung zwischen gesendetem und empfangenem Dokument.

Bild 1: Die digitale Signatur

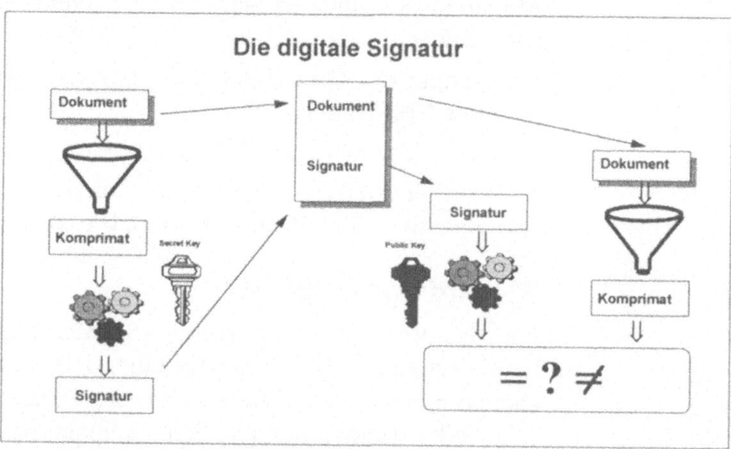

Das digitale Signaturverfahren ist zwar, um einen hohen Sicherheitsgrad zu erreichen, technisch kompliziert, aber für den Benutzer ganz einfach, weil die komplexen Mechanismen für ihn unsichtbar und automatisch ablaufen.

3   ## Lösung für das Grundbuchamt

Derzeit wird bei einigen Grundbuchämtern in Deutschland die elektronische Grundbuchlösung SOLUM-STAR eingeführt. In SOLUM-STAR sind Komponenten integriert, die sowohl die Unterschriftenbildung (digitale Signatur; Basis: RSA-Algorithmus) als auch die Verschlüsselung (Basis: DES-Algorithmus) ermöglichen. Es handelt sich dabei um die bereits im Bankenbereich erfolgreich eingesetzte Funktionsbibliothek SICRYPT[®2] DS der Firma Siemens-Nixdorf Informationssysteme AG mit den Funktionen:

- RSA-Schlüsselpaar
- Signieren/Verifizieren
- Chiffrieren/Dechiffrieren

Die Länge der RSA-Schlüssel ist derzeit auf 768 bit eingestellt. Bei Bedarf können jedoch Schlüssel mit bis zu 1024 bit erzeugt werden.

Da für den Einsatz der elektronischen Grundbuchlösung auf zusätzliche Hardware verzichtet werden sollte, bot sich der Einsatz dieser SW-Lösung an.

4   ## Die Funktionen im einzelnen

Aus den zu signierenden Daten wird zunächst ein Komprimat (' Hash' -Wert, 128 bit) gebildet, das um einen „time stamp" (Zeitkomponente) erweitert wird. Die angewandte Hashfunktion basiert auf einem symmetrischen Blockverschlüsselungsalgorithmus unter Verwendung des DES. Der erweiterte Hashwert wird mit dem privaten Schlüssel verschlüsselt, das Ergebnis ist die digitale Signatur.

Die zur Ablage an den zentralen Grundbuchamt-Rechner zu sendenden Grundbuchblatt-Daten werden vom autorisierten Rechtspfleger mit dessen privaten RSA-Schlüssel unterschrieben und dann mit Hilfe eines DES-Session-Keys chiffriert. Vor der Ablage auf dem GBA-Zentralrechner (Archiv)

---

2 SICRYPT[®] ist ein eingetragenes Warenzeichen der Siemens Nixdorf Informationssysteme AG

werden die Daten zunächst dechiffriert, dann wird die Signatur verifiziert.

Zusätzlich zur Sicherung der einzelnen GBB-Einträge wird ein Schutzmerkmal der jeweiligen Grundbuch-Datei über bestimmte Headerinformationen generiert. Auch hierfür bildet die digitale Signatur die Basis, wobei der verwendete geheime RSA-Schlüssel durch einen Systemschlüssel repräsentiert wird.

Damit gewährleistet ist, daß abgehende GBB-Daten die GBA-Zentrale so originär verlassen wie sie ursprünglich einmal erstellt worden sind, erfolgt vor einer Druckausgabe oder der Übertragung an einen Einsichtnehmer immer erst eine Verifikation der digitalen Signatur mit dem öffentlichen Schlüsselteil des unterschriftsberechtigten Rechtspflegers.

Zur Einsicht angeforderte GBB-Daten werden grundsätzlich verschlüsselt übertragen. Der dafür verwendete Schlüssel ist ein DES-(Session-)Key, der pro Verbindung für eine bestimmte Zeit, z.B. für die Zeit des LOGIN, vereinbart bzw. ausgetauscht wird. Hierzu wird zum Zeitpunkt des LOGIN auf dem GBA-Rechner ein RSA-Transportschlüsselpaar gebildet, dessen öffentlicher Schlüsselteil an den Einsichtnehmer (an dessen PC) übertragen wird.

Bild 2:

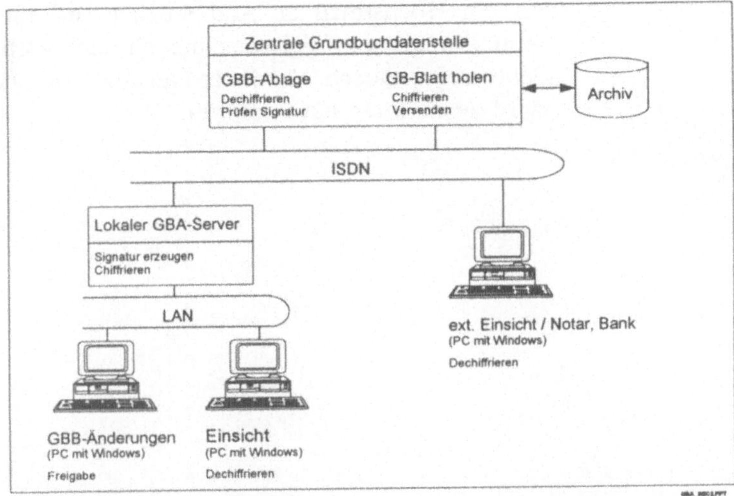

Auf dem PC des Einsichtnehmers wird ein DES-(Session-) Key generiert, der mit dem öffentlichen (Transport-) Schlüssel verschlüsselt an den GBA-Rechner rückübertragen wird. Die Entschlüsselung des DES-(Session-) Keys kann nur auf dem GBA-Rechner erfolgen, weil ausschließlich an dieser Stelle der dazugehörige geheime Schlüsselteil verwaltet wird.

Mit Beendigung jeder Session (Ende des LOGIN) werden alle Session-Keys (RSA-Transportschlüssel, DES-Schlüssel) aktiv gelöscht.

5 Schlußbetrachtung

Die elektronische Grundbuchlösung ist ein sehr sicheres System für Erfassung, Speicherung und Übertragung der GBB-Daten.

Jeder Teilnehmer wird im GBA-Rechner über eine Berechtigungsdatei verwaltet. Externe Einsichtnehmer (Notar, Bank) können das System nur nach Antragstellung beim jeweiligen GBA nutzen. Bei Verbindungsaufbau zwischen GBA-Rechnern (lokal - zentral) bzw. PC und GBA-Rechner werden Authentisierungsprozeduren durchlaufen. Zweistufige

Signaturen (GBB-Eintrag und Gesamtdateikenndaten) sorgen für ein Höchstmaß an Authentizität und Integrität. Die Datenübertragung erfolgt verschlüsselt nach vorherigem sicheren Schlüsselaustausch. Vor jeder Freigabe von Daten zur Einsicht wird deren Integrität überprüft.

K. Maier

5 Unternehmensweite sichere Kommunikation

1 Zusammenfassung

Der Beitrag beschreibt, wie eine unternehmensweite Sicherheitsarchitektur für heterogene Kommunikationsnetze aufgebaut werden kann.

Die Anforderungen von Großunternehmen und entsprechende Lösungsmöglichkeiten werden beschrieben. Sicherheitsdienste können auf Anwendungs- und/oder auf Netzwerkebene erbracht werden. Die Vor- bzw. Nachteile der jeweiligen Einbettung werden behandelt. Schließlich wird auf die Möglichkeiten zur Integration von Sicherheitsdiensten in Anwendungen eingegangen und ein automatisiertes Schlüsselmanagement vorgestellt. Das vorgestellten Verfahren ist beim Daimler-Benz Konzern im Einsatz.

2 Anforderungen

Informationsbestände innerhalb von Rechnernetzen werden über eine Vielfalt von Kommunikationswegen ausgetauscht. Als Kommunikationsnetze kommen lokale und öffentliche Netze, Nebenstellenanlagen, Satelliten- und Hochgeschwindigkeitsverbindungen zum Einsatz.

Entscheidend geprägt werden Netzwerke durch die Dienste, die sie anbieten. Diese Dienste können unternehmensintern genutzt werden, aber auch Kunden oder Partnern angeboten werden.

Beispiele für Dienste bzw. Anwendungen, die ein Netzwerk zur Verfügung stellen kann, sind:

- unternehmensspezifische Anbindung an Kunden oder Händler:
  Hier können z.B. Bestellungen entgegengenommen oder Informationen verteilt werden.

- Anbindungen zu öffentlichen Trägern und Banken:
  In diesen Bereich fallen Anbindungen über BCS (Banking Communication Standard) zu Banken, Übermittlung von Daten an Krankenkassen (KKS) und zukünftig auch Finanzämter.

- EDI:
  Electronic Data Interchange gewinnt als universelles Protokoll zunehmend Bedeutung für die unternehmensübergreifende Vernetzung.

- Telearbeit:
  Dieser Dienst bedingt eine zusätzliche Öffnung des Netzwerks nach außen hin.

- Internet-Anbindung:
  Fachliche Diskussionen werden heute zunehmend im Internet geführt. Auch gegenüber Kunden kann sich ein Unternehmen im World Wide Web präsentieren.

Die zwischen den Rechnern ausgetauschten Daten sind diversen Angriffen ausgesetzt. Sie können abgehört oder verfälscht werden. Die Angreifer sind z.B. konkurrierende Unternehmen oder Mitarbeiter des Unternehmens, die sich unterschiedlichste Vorteile verschaffen möchten. Der Gesetzgeber, aber auch interne Betriebsvereinbarungen, verlangen besonderen Schutz personenbezogener Daten. Wird das Netz von einem externen Provider gewartet oder soll das Wartungspersonal selbst die Daten im Netz auf keinen Fall lesen können (z.B. Gehaltsdaten), so kann dies mittels gezielter Verschlüsselung sichergestellt werden.

Um die elektronische Kommunikation auf eine rechtliche Grundlage zu stellen, werden zur Zeit Gesetzesinitiativen zur Anerkennung der digitalen Signatur diskutiert.

Obwohl Maßnahmen gegenüber den Bedrohungen zum einen in Kommunikationsprotokollen oder in Sicherheitsdiensten bereits definiert oder gar standardisiert sind, sind sie in den existierenden Netzkomponenten oder Anwendungen meist nicht oder nur lokal realisiert.

3   Sicherheit in Anwendungs- und/oder Netzwerkebene

Sicherheitsdienste können auf Anwendungsebene oder/und auf Netzwerkebene erbracht werden.

Auf Netzebene erfolgt die Sicherung zwischen den Endpunkten einer Verbindung. Innerhalb der Netzknoten sind die Daten immer ungeschützt vorhanden. Sicherung auf Netzebene benötigt meist spezielle Hardware, die zwischen die Leitungen geschaltet wird. Sie ist daher immer abhängig vom Netz (Technik oder Protokolle). Ein großer Vorteil dieser Sicherungsart ist die Unabhängigkeit von den Anwendungen. Alle übertragenden Daten werden gesichert. Anwendungen müssen nicht geändert werden, jedoch sind die am Arbeitsplatzrechner abgelegten Daten weiterhin ungeschützt.

Werden die Sicherheitsdienste auf Anwendungsebene erbracht, so sind sie unabhängig von der Kommunikationsinfrastruktur. Die Daten bleiben während der gesamten Übertragung und auch bei Ablage am Arbeitsplatzrechner gesichert (Ende-zu-Ende Sicherung).

4   Integration in Anwendungen

Die meisten relevanten Sicherheitsanforderungen lassen sich durch Integration der Sicherheitsdienste in die Anwendungen lösen. Anwendungen lassen sich wie folgt klassifizieren:

Dateiorientierte Anwendungen
erzeugen als Ergebnis eine Datei bzw. nehmen eine Datei als Basis für die weitere Bearbeitung. Bekannteste Vertreter dieser Klasse sind Textverarbeitungs- und Tabellenkalkulation-Programme. Aber auch viele CAD/CAM-Programme, Finanz-, Personal- oder Händlersysteme arbeiten dateiorientiert. Diese

Klasse von Anwendungen verwendet Datei-Transfer- oder Mail-Systeme zur Übermittlung der Dateien.

Batchorientierte Anwendungen

laufen im allgemeinen zeit- oder ereignisgesteuert ohne menschliche Bedienung ab. Die zu verarbeitenden Daten liegen meist als Datei vor. Die batchorientierte Anwendungen kann dann wie eine dateiorientierte Anwendung betrachtet werden.

Dialogorientierte Anwendungen

werten periodische Anfragen des Benutzers, die über das Kommunikationsnetz gestellt werden, aus und liefern über das Kommunikationsnetz entsprechende Antworten. Beispiele für diese Klasse sind Informationsabfragen in Datenbanken oder Betriebssystembedienung über Remote-Terminal- Programme (Telnet, 3270-Emulation, ...).

Verteilte Anwendungen

werden zum Teil gleichzeitig auf verschiedenen Rechnern ausgeführt. Dem Benutzer bleibt es verborgen, welcher Teil der Anwendung auf welchem Rechner abläuft. Verzeichnisdienste nach X.500, Client-Server- und DCE-Anwendungen sind Beispiele für diese Klasse.

Ergebnisse von dateiorientierten Anwendungen sind ohne Änderung der Anwendung auf Dateiebene zu sichern: Vertraulichkeit kann durch Verschlüsseln, Verbindlichkeit und Datenintegrität durch digitale Signatur der Datei erhalten werden. Die Sicherheitsfunktionen können hierbei unabhängig von den vor- oder nachgeschalteten Kommunikationsdiensten (z.B. Datei-Transfer oder Mail) verwendet werden.

Die Sicherung von dialogorientierten oder verteilten Anwendungen erfordert eine „Sicherheits-API" (Application Programers Interface), die von den Anwendungen zur Erbringung der Sicherheitsdienste verwendet werden muß. Dabei gibt es jedoch auch Ausnahmen:

- Bei modernen Betriebssystemen, die dynamisches Binden über sogenannte DLLs (Dynamic Link Libraries) ermöglichen. Weitere Voraussetzung ist ein Kommunikationssystem, welches seine Dienste über eine DLL den Anwendungsprogrammen anbietet.

- Dem ursprünglichen Kommunikations-API wird ein zusätzliches API vorgeschoben. Dieses API, im weiteren S-API genannt, erbringt nun die Sicherheitsdienste in Zusammenarbeit mit dem gleichen S-API des Kommunikationspartners: Bei Verbindungsaufbau werden z.B. Schlüssel zur Erbringung der Sicherheitsdienste während der Datentransferphase ausgetauscht. Aber auch statisch vorhandene Schlüssel können verwendet werden. Die S-API bietet dem Anwendungsprogramm eine gegenüber der Ursprungs-API unveränderte Schnittstelle. Das Anwendungsprogramm wird daher nicht beeinflußt.

- Bei Anwendungen, die bereits über passende Schnittstellen für anwenderspezifische Erweiterungen verfügen. Durch Einbringen und Aufruf entsprechender Makros oder Funktionen können dann die Sicherheitsdienste erbracht werden.

Ist die Verwendung einer Sicherheits-API erforderlich, so gewährleistet die Verwendung einer standardisierten API die Unabhängigkeit von einzelnen Herstellern.

5 Schlüsselmanagement

Der Einsatz von RSA ermöglicht die umfassende Verwendung kryptografischer Verfahren innerhalb großer Unternehmen. Das nötige Schlüsselmanagement wird durch den asymmetrischen Algorithmus vereinfacht. Im Gegensatz zu herkömlichen (symmetrischen) Verfahren ist hier ein drastisch reduzierter Aufwand zur Verwaltung und Verteilung der geheimen Schlüssel zu verzeichnen.

Telenet GmbH Kommunikationssysteme hat nun nach Anforderung und in Zusammenarbeit mit dem Daimler-Benz-Konzern ein Produkt entwickelt, welches das RSA-Verfahren für dieses und andere große Unternehmen einsetzbar macht. Kernstück ist hierbei eine Schlüsselmanagement-Komponente zur Erzeugung, Authentisierung, Verteilung, Änderung und Sperrung der Teilnehmerschlüssel innerhalb zentralen oder dezentralen Organisationsstrukturen. Diese Komponente wird im folgenden näher vorgestellt.

5.1 Schlüsselerzeugung

Die Erzeugung der RSA-Schlüsselpaare erfolgt in sogenannten Schlüsselzentralen in folgenden 4 Phasen (Bild 1):

In der ***ersten Phase*** werden die zu erzeugenden Schlüssel personalisiert. Die Personalisierung der Schlüssel kann sowohl über Dialog-Eingaben des Verwalters (z.B. lt. Antragsformular) oder durch Übernahme aus einer Datenbank erfolgen. Es können beliebig viele Schlüssel in einem Arbeitsgang personalisiert werden.

In der ***zweiten Phase*** werden die RSA-Schlüssel erzeugt. Da diese Phase unabhängig von der ersten Phase abläuft, kann die zeitintensive Erzeugung der Schlüssel unbedient vorgenommen werden.

Die zu erzeugenden öffentlichen RSA-Schlüssel können durch die Schlüsselzentrale zertifiziert werden. Bei der Zertifizierung unterschreibt eine Schlüsselzentrale den öffentlichen Teilnehmer-Schlüssel mit ihrem eigenen geheimen Schlüssel mittels digitaler Signatur.

Diesen hat sie - auch wieder zertifiziert - von einer übergeordneten Schlüsselzentrale erhalten. Insgesamt ergibt sich dadurch eine hierarchische Struktur von Schlüsselzentralen, an derem oberstem Ende eine Schlüsselzentrale steht, deren Schlüssel nicht mehr zertifiziert ist (siehe CCITT X.509). Ein Hashwert dieses Schlüssels wird als "common point of trust" unternehmensweit bekanntgegeben.

In der ***dritten Phase*** der Schlüsselerzeugung werden alle in der zweiten Phase erzeugten öffentlichen RSA-Schlüssel in ein zentrales Schlüsselverzeichnis eingespielt. Dort werden sie auf Dubletten geprüft, d.h. es wird festgestellt, ob der Schlüssel bereits bezüglich der Teilnehmerdaten (eindeutige Namensvergabe) oder bezüglich der Seriennummer existiert. Das Ergebnis dieser Prüfung wird als sogenannte Statusdatei zur Schlüsselzentrale rückübertragen.

Die *vierte Phase* dient zur Auswertung der Statusdatei. Sind keine Dubletten bei der Schlüsselerzeugung aufgetreten, so werden die erzeugten geheimen RSA-Schlüssel verteilt.

Die geheimen RSA-Schlüssel können in einer Datei oder auf einer Chipkarte abgelegt werden. Bei Ablage in einer Datei werden sie durch Verschlüsselung mit Kryptopaßwörtern (DES-Verschlüsselung) gegen fremden Zugriff geschützt und können den Teilnehmern automatisch per Dateitransfer zugesendet werden. Das Kryptopaßwort als Zugang zum geheimen RSA-Schlüssel wird auf verdeckten Formularen ausgedruckt und per Wertbrief verschickt.

Die Eingaben des Bedieners und Aktionen der Schlüsselzentrale in obigen Phasen werden in einen Logbuch aufgezeichnet und können jederzeit ausgewertet werden.

Die Schlüsselzentrale ist ein auf einem PC unter MS-Windows ablaufendes Programm. Durch unterschiedlichste Schutzmaßnahmen (z.B. Installation der Software auf einer Wechselplatte und Verschließen in einem Tresor nach Gebrauch oder Installation marktüblicher Hard-/Software-Zugangsschutzsysteme) kann einfach die Vertraulichkeit und Integrität der Software sichergestellt werden.

**Bild 1: Schlüssel-
erzeugung**

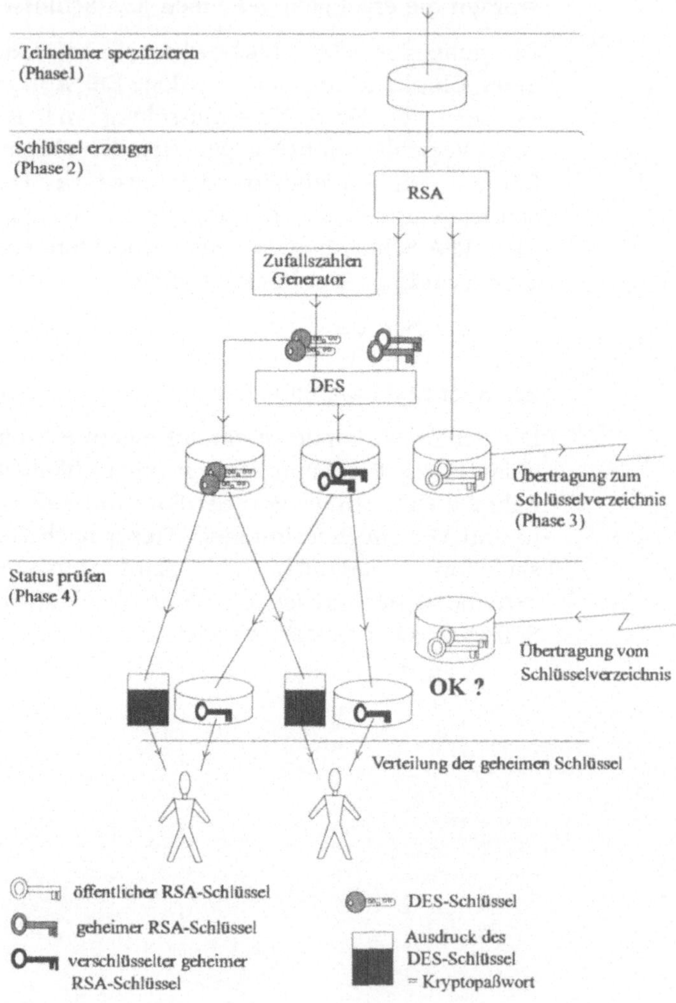

5.2   ### Schlüsselverzeichnisse

Neben den Schlüsselzentralen werden Schlüsselverzeichnisse zum Schlüsselmanagement benötigt. Ein zentrales Schlüsselverzeichnis nimmt alle öffentlichen Schlüssel auf. Administrationsfunktionen ermöglichen unter anderem das Einbringen, Lesen und Löschen von Schlüsseln, Führen von Weiß- und Schwarzliste. Auch die Prüfung auf Dubletten erfolgt am zentralen Schlüsselverzeichnis.

Das zentrale Schlüsselverzeichnis kann nun periodisch automatisch an dezentrale Rechenanlagen verteilt werden. Es steht dort als elektronisches "Telefonbuch" für öffentliche RSA-Schlüssel möglichst vielen Teilnehmern zur Verfügung (Bild 2).

Die Kapazität des Schlüsselverzeichnisses ist skalierbar. Es kann eine mitgelieferte SQL-Datenbank, eine Standard SQL-Datenbank oder ein einfaches Suchprogramm verwendet werden. Auch die Einbindung des X.500 Directory ist vorgesehen.

Bild 2: Schlüsselverzeichnis

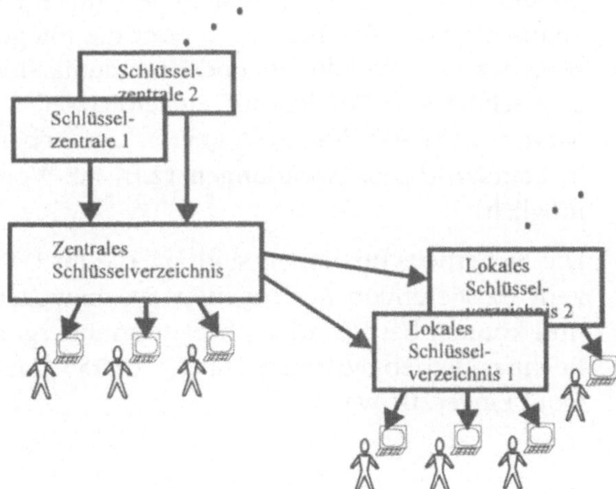

6   Das Verfahren aus Anwendersicht

Das Schlüsselmanagement sind notwendige administrative Vorgänge, die sich hauptsächlich zwischen Schlüsselzentralen und zentralem Schlüsselverzeichnis abspielen.

Ein Anwender stellt lediglich einen Antrag auf ein RSA-Schlüsselpaar an die für ihn zuständige Schlüsselzentrale. Anschließend erhält er automatisch den (verschlüsselten) geheimen Schlüssel in Dateiform und/oder auf Chipkarte übermittelt und das zugehörige Kryptopaßwort als Wertbrief zugestellt. Danach ist er in der Lage, am "Sicheren Datentransfer" teilzunehmen.

Dem Anwender stehen Funktionen zur Ver- bzw. Entschlüsselung und zur digitalen Signatur zur Verfügung. Die Bedienbarkeit ist so einfach, daß jeder Anwender die Sicherungskomponenten ohne Expertenwissen über Menüs einsetzen kann.

Der Anwender hat auf jedem unterstützten Betriebssystem sowohl eine graphische Oberfläche als auch eine Batch- und Programmschnittstelle zur Verfügung. Die graphische Oberfläche ermöglicht das interaktive Bedienen, Batch- oder Programmschnittstelle ermöglichen den unbedienten Betrieb in automatischen Prozeßabläufen oder die Integration in bereits bestehende Anwendungs- und Kommunikationsumgebungen. Der Schutz von Dateien auf Einzelplatz-PC´s oder auf LAN-Servern ist direkt durch Integration der Sicherungsfunktionen in Standard-Büroanwendungen (z.B. MS-Word oder MS-Mail möglich).

Die Sicherheitsfunktionen sind auf die im Daimler-Benz-Konzern existierenden heterogenen Systemwelten zugeschnitten und können bei Bedarf auch plattformübergreifend unter den Rechner-Betriebssystemen MVS, UNIX, MS-Windows und OS/2 eingesetzt werden.

Literatur

[1] Michaela Kurz, Telenet GmbH,
    Sicherheit in Corporate Networks, SIUK 95

[2] Bernd Staudinger, Daimler-Benz AG,
    Sicherheitskonzept für sensitive Daten im Großkonzern,
    17.1.95

N. Pohlmann

6 Sichere LAN-LAN-Kommunikation im Bankenbereich

1 Einleitung

Viele Banken kommunizieren von ihren Zentralen zu den Zweigniederlassungen über öffentliche Netze (X.25, ISDN, ATM-Backbones, Satelliten usw.) mit einer LAN-LAN-Kopplung. Dieser Trend der Vernetzung erhöht das Risiko eines Schadens durch Angreifer, insbesondere wenn wir die Broadcast-Eigenschaft von lokalen Netzen sowie die Kopplung von LANs über öffentliche Netze betrachten.

In diesem Beitrag wird ein LAN-Sicherheitssystem beschrieben, mit dem die Abschottung der Rechnersysteme sowie die Vertraulichkeit der übertragenen Daten gewährleistet werden kann. Durch ein zentrales Security-Management ist ein einfaches Handling des LAN-Sicherheitssystems möglich und die notwendige Sicherheit für die LAN-LAN-Kommunikation garantiert.

2 Moderne IT-Systeme erfordern neue Konzepte

Ein heutiger Arbeitsplatzrechner (PC, Workstation usw.) hat die Leistungsfähigkeit eines klassischen Rechenzentrums von vor einigen Jahren. Bei klassischen Rechenzentren genügten Sicherheitsmaßnahmen, die mit Hilfe von organisatorischen und personellen Regelungen wie kontrolliertem Zugang zum Rechenzentrum (Gebäude, Räume usw.), kontrolliertem/definiertem Arbeitsablauf und Auftragsabwicklung, Trennung zwischen Personal der Fachabteilung (Anwendern) und DV-Mitarbeitern (Programmierern, Operateuren) usw. durchgeführt wurden. Das IT-System (EDV) stand in einem Gebäude, wodurch die externen Bedrohungen überschaubar waren, und "das" Betriebssystem des Hostes war für den Schutz der Ressourcen vor unerlaubtem Zugriff zuständig.

Durch moderne IT-Konzepte wie Client-Server, Down-Sizing, Out-Sourcing usw., in denen Informationen über ein angreifbares Netz ausgetauscht werden, sind besonders die Hard- und Software des Netzes bedroht. Außerdem sind die informationstechnischen Sicherungen von Arbeitsplatzrechnern, insbesondere von PCs, wesentlich schwächer als die der klassischen Rechner. Die Personen am Arbeitsplatzrechner sind heute nicht nur Anwender, sondern gleichzeitig Operator, Programmierer usw., was neue Probleme mit sich bringt.

Da die heutigen verteilten Rechnersysteme nicht mehr nur durch organisatorische Maßnahmen geschützt werden können, müssen zusätzlich kryptographische Mechanismen bereitgestellt werden, die eine sichere und beherrschbare Informationsverarbeitung ermöglichen. Dazu sind strategische Konzepte notwendig, die Vertraulichkeit, Integrität und Verfügbarkeit von Geräten, Daten, Programmen und Personen als wesentlichen Bestandteil von Unternehmen aufbauen und erhalten. Außerdem müssen Verbindlichkeit und Zurechenbarkeit der Vorgänge und Veranlassungen - wo immer notwendig - sichergestellt werden.

Hacker im Netz: Ein nicht zu verantwortendes Risiko

"Stand der Technik" bei den meisten Firmen ist die Verwendung von frei zugänglichen LAN-Anschlüssen. Hier ist ein Abhören der LAN-Daten besonders einfach durchzuführen. Bei vielen Firmen wird die Kopplung der verschiedenen LAN-Systeme über "öffentlich" zugängliche Räumlichkeiten (z.B. Tiefgaragen, Flure, Empfangsräume usw.) oder über öffentliche Netze (z.B. X.25, ISDN usw.) durchgeführt, die angezapft werden können. Außerdem sind Protokollanalysegeräte preisgünstig zu erwerben und einfach zu bedienen, so daß die Eintrittswahrscheinlichkeit von Angriffen hoch bewertet werden muß.

Spätestens mit dem heutigen Ansturm der Firmen und Behörden aufs Internet stellt sich die Frage, wie man sich vor den Profi-Hackern schützen kann, die wichtige und wertvolle Informationen stehlen oder manipulieren.

3 Die Black-Box-Lösung für den sicheren Netzdienst

Die einfachste Möglichkeit, heterogene Systeme miteinander zu verbinden, ist die Verwendung von TCP/IP-Protokollen. TCP/IP ist ein integraler Bestandteil des Betriebssystems UNIX; für die meisten anderen Betriebssysteme (OS/2, WINDOWS usw.) gibt es ebenfalls Realisierungen.

Ein Konzept, mit dem aus einem "ungesicherten Netzdienst" ein "sicherer Netzdienst" gemacht werden kann, ist die Einführung einer Sicherheits-Schicht in die Kommunikationsarchitektur des Rechnersystems. Eine spezielle und besonders im heterogenen Rechnerumfeld geeignete Realisierungsmöglichkeit der Sicherheits-Schicht ist der Einsatz eines Black-Box- Sicherheitssystems, das im folgenden Abschnitt vorgestellt wird.

LAN-Sicherheitssystem: Die transparente Lösung

Das Konzept "LAN-Sicherheitssystem als transparente Lösung" besteht aus Black-Boxen und einem Security-Management. Eine Black-Box wird vor jedes Endgerät oder Subsystem geschaltet, das geschützt oder über das vertrauliche Daten übertragen werden sollen. Die Schnittstellen sind z.B. zu beiden Seiten Ethernet (oder Token Ring, FDDI usw.). Die Black-Box arbeitet ähnlich einer Bridge.

Die Security-Black-Boxen erbringen stellvertretend für das zu schützende Rechnersystem erweiterte Sicherheitsdienste.

In Zusammenarbeit mit einer entsprechenden Sicherheitseinrichtung auf der Gegenseite schützen sie die Kommunikation über das LAN hinweg. In der Black-Box spielen sich unsichtbar für den Benutzer und ohne seine aktive Einwirkung alle sicherheitsrelevanten Operationen ab.

Die Sicherheitsdienste einer solchen Black-Box bestehen in:

- Vertraulichkeit
- Authentikation
- Zugangskontrolle
- Rechteverwaltung
- Beweissicherung
- Protokollauswertung.

Dadurch wird erreicht, daß

- keine Daten im Klartext gelesen werden können,
- nur logische Verbindungen zustande kommen, die erlaubt sind,
- keine Fremden in der Lage sind, auf die Endgeräte zuzugreifen,
- nur über Protokolle und Applikationen zugegriffen werden kann, die definiert sind,   und
- sicherheitsrelevante Ereignisse protokolliert und ausgewertet werden können.

Vorteile der transparenten Black-Box Lösung:

- Die Sicherheitseinrichtung (Black-Box) ist unabhängig von Endgeräten und deren Betriebssystemen (z.B. DOS, WINDOWS, OS/2, WINDOWS-NT, UNIX, VMS usw.), d.h. bei einem Wechsel des Endgerätes oder des Betriebssystemes kann die Black-Box weiterhin verwendet werden. Dieser Punkt hat bei den heutigen Innovationen im Bereich der Betriebssysteme und aus Sicht des Investitionsschutzes eine enorme Bedeutung.

- Die Black-Box Lösung ermöglicht Sicherheit zwischen Endsystemen, in die sonst keine Sicherheitsfunktionen integriert werden können (z.B. Terminal oder Router).

- Bei heterogenen Rechnersystemen (verschiedene Hardware, Software, Betriebssystem etc.) kann immer die gleiche Black-Box verwendet werden; dadurch wird der notwendige Aufwand verringert.

- Black-Boxen sind leichter sicher zu realisieren als Endgeräte.

Nach der IT-SEC Sprachregelung handelt es sich bei einer Black-Box um ein System und nicht um ein Produkt. Aus diesem Grund ist die Sicherheit unabhängig von anderen Teilen und dadurch höher.

Sicherheit in IP-Netzen

Mit Hilfe des LAN-Layer-3-Sicherheitssystems wird die Kommunikation auf dem Networklayer (z.B. Internet - IP) geschützt. Dabei kann die Kommunikation aller Endgeräte oder ausgewählter Endgeräte sowie die Kommunikation über öffentliche Netze oder über ein Backbone geschützt werden.

Im Bild 1 ist eine Integrationsvariante dargestellt, bei der die Kommunikation über ein öffentliches Netz (ISDN, X.25, Leased Line usw.), Satellitenübertragung oder ein Backbone (FDDI, ATM usw.) gesichert wird.

Bild 1: Sicherheit
in IP-Netzen

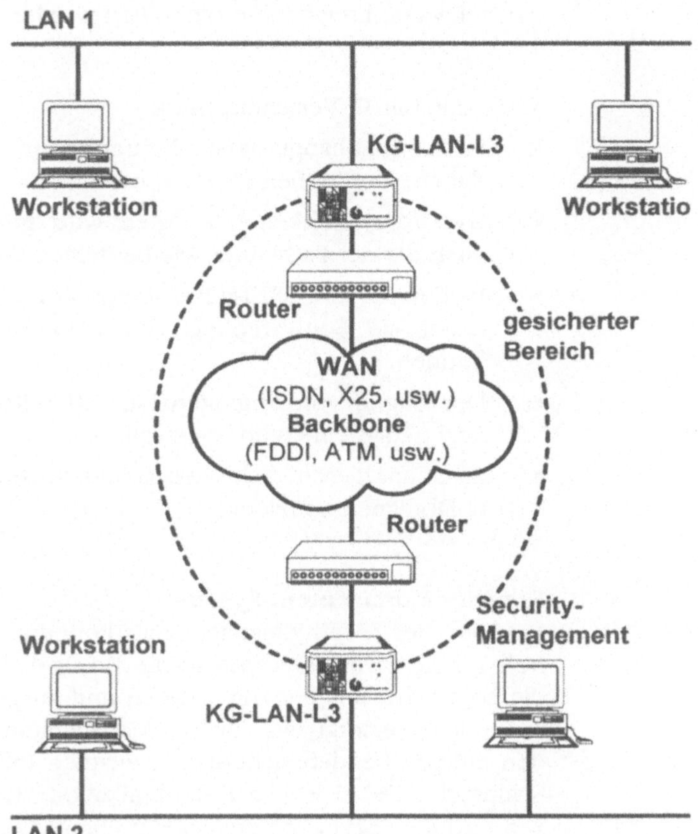

Layer-3-Verfahren:

In diesem Konzept werden die Kommunikationsbeziehungen mit Hilfe der Layer-3-Adresse bestimmt. Im Beispiel von IP-Netzen sind das die IP-Adressen. Je nach Einstellung werden die Layer-3-Daten im Klartext, verschlüsselt oder gar nicht durchgelassen. Dazu stehen Zugangskontroll-Tabellen in den Boxen, in denen die Zugangs-Attribute sowie die Schlüsselnummern der Schlüssel enthalten sind, die für die entsprechende Verbindung genommen werden müssen. Außerdem stellt die LAN-Box ein Logbuch zu Verfügung, in dem sicherheitsrelevante Ereignisse protokolliert werden.

Merkmale der IP-Verschlüsselung

- Sie ist unabhängig vom Übertragungsmedium und bietet daher einen hohen Investitionsschutz.

- Die Vertraulichkeit der Daten wird gewährleistet, z.B. auch die der Paßwörter wie bei telnet, ftp, rlogin.

- Es können z.B. SW-Häuser temporär zugelassen werden, damit sie Softwarepflege und Up-Dates durchführen können.

- Der Zugriff von Angreifern aus öffentlichen Netzen auf Rechnersysteme wird abgewehrt.

- Es ist mit diesem Sicherheitssystem auch möglich, Security-Domänen zu bilden.

Security-Management-System:
Mit Hilfe des Security-Managements können die Zugangskontroll-Tabellen verwaltet und in die Box geladen werden und die Logbücher aus der Box gelesen und ausgewertet werden. Außerdem versorgt das Security-Management die Boxen mit den entsprechenden sicherheitsrelevanten Informationen wie Schlüsseln. Dabei ist die Kommunikation zwischen den Boxen und dem Security-Management ebenfalls gesichert.

Netzwerkmanagement der Sicherheitseinrichtungen:
Über das Netzwerkmanagementprotokoll SNMP können Statusinformationen aus der LAN-Box abgefragt werden. Das Sicherheitssystem bietet ein einfaches, zentrales Security-Management und fügt sich nahtlos in vorhandene Netzwerk-Management-Lösungen ein. Dies ist für viele Anwendungen unter dem Gesichtspunkt der Verfügbarkeit und Verwaltbarkeit des gesamten IT-Systems eine absolute Notwendigkeit.

Einsatzvariante: "end-to-end"-Sicherheit

Die IP-Boxen können auch vor bestimmten Endgeräten plaziert werden. Hierdurch wird eine höhere "Tiefe" der end-to-end-Sicherheit erreicht. Damit können bestimmte, besonders sicherheitsrelevante Applikationen in Firmen gezielt geschützt werden, z.B. Anwendungen aus der Personalabteilung, dem arbeitsmedizinischen Bereich, der Marketing-Abteilung, der Forschungsabteilung usw.

Weitere Attribute des LAN-Sicherheitssystems:

- Erweiterungen der Rechteverwaltung:

  Es ist möglich, die Rechteverwaltung dahingehend zu erweitern, daß z.B. Anwendungen wie Telnet, FTP, Remote-Login usw. entsprechend den Rechten oder Profiles der Benutzer mit Hilfe der well-known Ports erlaubt werden oder nicht. Dies kann aber auch für OSI-Anwendungen (FTAM, CMISE usw.) erfolgen.

- Variabilität:
  Es können auch andere Kommunikationsprotokolle wie DECNET, SNA usw. realisiert werden.

- Kompressionsverfahren:
  Mit Hilfe von Kompressionsverfahren (V42bis, ZIV-Lempel usw.) werden die Daten (vor der Verschlüsselung) komprimiert. Dadurch können Kosten gespart und die Kommunikationszeit verringert werden.

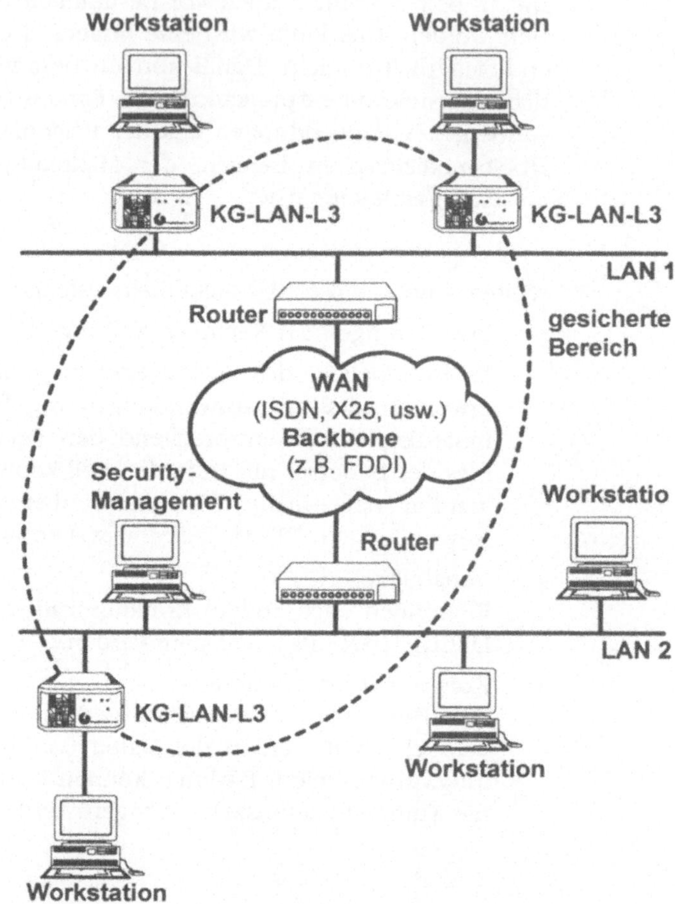

Bild 2: „end-to-end"-Sicherheit

Ankopplungsmöglichkeiten bei Ethernet sind z.B.

- AUI
- 10BASE2 (BNC-Buchse - Cheapernet)
- 10BASE-T (RJ-45-Buchse - Twisted Pair)

Kryptographische Verfahren sind z.B.:

- Verschlüsselungsalgorithmen
  - DES
  - andere Verfahren
    (z.B. Behördenalgorithmus)

- Key-Management
  - RSA-Verfahren
  - andere Verfahren

4   Firewall-Funktionalität im LAN-Sicherheitssystem

Wozu brauchen wir Firewalls?
Es soll verhindert werden, daß eine Gefahr, die auf der einen Seite einer Mauer vorhanden ist, sich auf die andere Seite ausbreitet. Es muß aber möglich sein, kontrolliert von einer Seite zur anderen zu gelangen. Sinn und Zweck einer Brandmauer ist also die Abschottung, damit ein möglicher Schaden auf bestimmte Abschnitte begrenzt wird.

Wenn es im Internet brennt ...
Auf der einen Seite befindet sich ein privates Kommunikationsnetz. Auf der anderen Seite ist ein öffentliches Netz wie INTERNET, das nicht kontrolliert werden kann und in dem die Gefahr eines "Brandes" sehr groß ist. Wenn man in diesem Netz Dienste in Anspruch nehmen oder über dieses Netz mit anderen Rechnersystemen in einem privaten Netz gesichert und kontrolliert kommunizieren möchte, brauchen wir ein Firewall, die das eigene System (LAN) schützt (siehe Bild 2).

Das Firewall-Konzept läßt Zugriffe von außen kontrolliert zu und legt genau fest, wer zugreifen darf und wer nicht und evtl. auch, mit welchen Rechten und zu welcher Zeit.

Bild2: Firewall-
Rechner

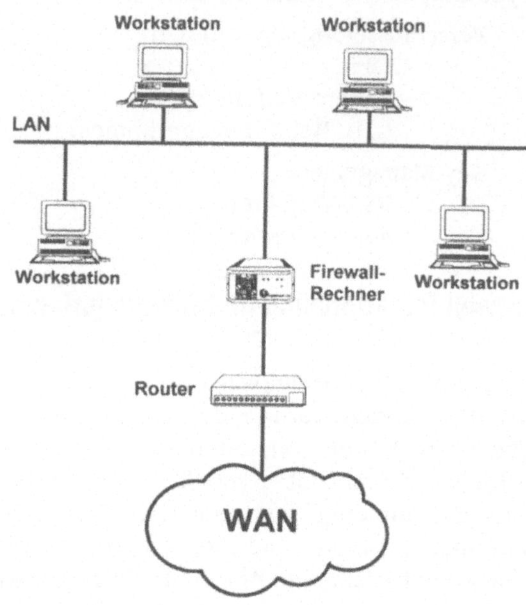

Access-Points für Firewalls

Die Firewall-Funktionalität kann auf verschiedenen Kommu-
nikations-Ebenen realisiert werden, z.B. auf der MAC-Ebene
(Schicht 2), die bei Bridges eine besondere Rolle spielt. Die
am häufigsten verbreitete Einbindung der Firewall-
Funktionalität findet auf der IP-Ebene (Schicht 3) statt. Hier
können die Instanzen der Endgeräte einfach beschrieben
werden, da die IP-Netze strukturiert aufgebaut sind.

Es ist auch möglich, die Firewall-Funktionalität auf höheren
Schichten zu nutzen. So können z.B. bei der DoD-Familie die
Anwendungen FTP, TELNET, RLOGIN usw. erlaubt werden
oder nicht. Außerdem ist es möglich, die Kommandos zu
kontrollieren, die mit FTP möglich sind (z.B. nur "get" und
"put").

Dies kann aber auch für OSI-Anwendungen (FTAM, CMISE usw.) oder DECNET, SNA usw. realisiert werden.

Kryptographische Firewalls
Die meisten Router bieten eine Firewall-Funktionalität an. Dies ist zwar ein geeigneter Platz, aber es ist sehr schwierig, in einem größeren Netz mit Routern verschiedener Hersteller eine zentrale Verwaltung zu organisieren.

Aus diesem Grund ist es sinnvoll, die Sicherheitsfunktionen unabhängig von den Vermittlungsfunktionen zu verwalten und dafür separate Geräte zu nutzen, die evtl. sogar zusätzliche Sicherheitsdienste wie Verschlüsselung und Authentikation bieten. Dadurch werden die Firewall-Funktionalitäten kryptographisch bewiesen!

5   Resümee

Der Anschluß an ein öffentliches Netz ist keine Einbahnstraße, sondern öffnet umgekehrt Eindringlingen eine Schleuse von draußen nach drinnen. Die meisten Banken, Firmen und Behörden nutzen aber die Schnelligkeit und Informationsvorteile der sogenannten Datenautobahn, ohne sich um Sicherheitsgurt, Knautschzone oder Airbag zu kümmern.

Dieser Beitrag stellt eine Lösung vor, wie Rechnersysteme und die Kommunikation zwischen ihnen wirkungsvoll geschützt werden können. Dabei werden die heutigen und zukünftige Anforderungen berücksichtigt. Mit Hilfe eines solchen LAN-Sicherheitssystems wird den technischen Anforderungen des gesetzlichen Datenschutzes entsprochen, Rechnersysteme einfach abzuschotten. Das bedeutet aktive Zugriffskontrolle, Rechteverwaltung und Firewall-Funktionalität, und es werden wichtige und wertvolle Daten der Firmen und Behörden angemessen vor unberechtigten Zugriffen von Angreifern geschützt.

Literatur

[1] Ch. Ruland, N. Pohlmann: Datensicherheit bei Kommunikation über Datex-P, DATACO 1/98, DATACOM-Verlag, Pulheim 1989

[2] Pohlmann: Vernetze Systeme: Alptraum oder Chance zur Lösung der Sicherheitsproblematik?, DATACOM-Verlag, Pulheim 1992

E. Löhmann

7 Anwendungen der digitalen Signatur in der Kunde-Bank-Kommunikation und im Interbankenzahlungsverkehr

1 Motivation

Ob es sich um ganz banale Überweisungen im Zahlungsverkehr oder um Aufträge für das Wertpapiergeschäft handelt - ohne persönliche Unterschrift wären die Geschäftsbeziehungen zwischen Kunden und Sparkassen bisher kaum möglich gewesen. Der eigenhändige Namenszug als unmittelbarer Ausdruck der persönlichen Willenserklärung ist in unserem Kulturkreis fest verwurzelt und hat daher auch Einzug in die Rechtsprechung gehalten. Vor Gericht wird bis heute nur die Schriftform mit Unterschrift als rechtsverbindliches Beweismittel anerkannt.

Doch mit der zunehmenden Automatisierung der Geschäftsabläufe in der Sparkassenorganisation verliert die persönliche Unterschrift als Mittel der Willenserklärung und zur Autorisierung eines Schriftstücks künftig an Bedeutung. Um die Manipulation von elektronischen Dokumenten zu verhindern und Online-Transaktionen abzusichern, sind deshalb neue Mechanismen erforderlich. Die digitale Signatur ist eine solche zukunftsweisende Lösung. Sie basiert auf kryptographischen Verfahren und wird in der Praxis einfach zu benutzen sein.

2   Vom Papierbeleg zum elektronischen Dokument

Die moderne Informations- und Kommunikationstechnik gewinnt bei den Sparkassen in fast allen Bereichen zunehmend an Bedeutung. Elektronische Vorgangsbearbeitung, lokale Netzwerke und die globale Vernetzung führen dazu, daß immer öfter Dokumente ausschließlich auf elektronischem Wege übermittelt werden. Das Schlagwort vom "papierlosen Büro" hat sich in der Realität zwar als Illusion erwiesen, dennoch ist bereits heute eine sichtbare Effizienzsteigerung durch den Einsatz von elektronischen Medien auch im Sparkassenbereich festzustellen. Deshalb wird ihre Bedeutung auch in Zukunft weiter zunehmen.

Leider ergeben sich mit der Einführung neuer Technologien neben erheblichen Verbesserungen meistens auch neue Probleme, die vorher nicht vorhanden waren. So steht dem Vorteil einer effizienten und schnellen Informationsverarbeitung durch die Computertechnik u.a. der Nachteil des Verlustes der "Unmittelbarkeit" gegenüber. Wird eine Tätigkeit oder Erfahrung ohne technisches Hilfsmittel durchgeführt bzw. erlebt, läßt sie sich als "unmittelbar" beschreiben. Bei elektronischen Dokumenten wird der Verlust der Unmittelbarkeit besonders deutlich, da diese im Gegensatz zu Papierdokumenten ohne technische Hilfsmittel nicht mehr gelesen oder beschrieben werden können.

Eine Konsequenz aus dem Verlust der Unmittelbarkeit ist die Tatsache, daß elektronische Dokumente nicht mehr von Hand unterschrieben werden können. Dies bedeutet eine starke Einschränkung der früher möglichen eigenhändigen Willenserklärung, die dem Papierdokument, vormals der persönliche Namenszug, besonderen Ausdruck verliehen hat.

Eine alte Tradition

Wie weit die Wurzeln der eigenhändigen Signatur zurückreichen, zeigt das Beispiel Karls des Großen. Obwohl der Kaiser weder Lesen noch Schreiben konnte, "unterzeichnetet" er seine Dokumente mit einem bestimmten Karo. Zusätzlich wur-

den die Schriftstücke allerdings noch mit dem kaiserlichen
Siegel versehen.

Unterschrift Karls
des Großen

*Das vom König selbst ausge-
führte Handzeichen besteht
lediglich aus dem schrägen
Viereck zwischen den vier
Buchstaben des Mono-
gramms, welch letzteres
ebenso wie die übrige Schrift
von einem Schreiber ausgeführt wurde*

Der Grund für die lange Tradition der persönlichen Unterschrift ist in ihren besonderen Eigenschaften zu suchen, die
wir heute gar nicht mehr bewußt registrieren. Denn die individuelle Signatur ist jedem geläufig. Sie ist in der Regel nicht
fälschbar, bzw. versuchte Fälschungen können sehr schnell
mit einfachen Mitteln erkannt werden. Die persönliche Unterschrift kann nur von einem einzigen Menschen korrekt erzeugt, aber von allen Empfängern einer Nachricht überprüft
werden. Normalerweise kann man seine "angewachsene"
Unterschriftsfähigkeit nicht verlieren, der Namenszug ist immer verfügbar und läßt sich unmittelbar erzeugen und überprüfen. Bei der Unterschriftsvergabe hat man das Dokument,
dem sie gelten soll, unmittelbar vor Augen. Der Urheber unterzeichnet damit den darüberstehenden Text und signalisiert
so im Rahmen sozialer Mechanismen, daß er bereit ist, für
dessen Richtigkeit und Gültigkeit mit allen daraus erwach-
senden Konsequenzen die Verantwortung zu übernehmen.

Das Abbild reicht nicht aus

Die Überlegung, eine feingerasterte elektronische Abbildung
der Unterschriftsparaphe - eine sogenannte „Bit-Map" - zu
verwenden, geht in die falsche Richtung: Da sich digitale
Daten sehr leicht kopieren lassen, ist es sehr einfach, eine

Kopie der elektronischen Bit-Map einer Unterschriftsparaphe anzufertigen. Diese Kopie ließe sich danach in ein beliebiges elektronisches Dokument an beliebiger Stelle einfügen.

Das gefälschte FAX einer Notarin im Zusammenhang mit dem Strafprozeß nach dem Solinger Brandanschlag ist nur ein Beispiel dafür wie eine elektronisch gespeicherte Unterschriftsparaphe in einen beliebigen Text eingefügt werden kann.

Im Gegensatz zu den Verfahren, die ein bloßes digitales Abbild der Signatur verwenden, verfolgt die digitale Signatur einen anderen, mehr Erfolg versprechenden Ansatz.

Sie nutzt dazu Methoden der Nachrichtenverschlüsselung.

Methoden der Verschlüsselung

Prinzipiell gibt es dabei zwei Verfahren zur Chiffrierung. Beim symmetrischen Ansatz wird für die Ver- und Entschlüsselung der Daten derselbe geheime Schlüssel eingesetzt. Beide Partner teilen sich dabei ein gemeinsames „Geheimnis". Der Absender chiffriert seine Nachricht mit Hilfe eines komplizierten Algorithmus und dem geheimen Schlüssel. Der Adressat dieser Botschaft benötigt zur korrekten Entschlüsselung den gleichen Geheimcode - eben den Schlüssel und nutzt dabei den selben Algorithmus.

Bei der digitalen Signatur wird dagegen ein asymmetrisches Verfahren eingesetzt, bei dem für die Ver- und Entschlüsselung jeweils ein anderer Code verwendet wird. Notwendig ist dafür ein Schlüsselpaar, das aus einem geheimen und einem öffentlichen Schlüssel besteht und dessen geheimer Teil sich nicht aus dem öffentlichen Schlüssel (Public Key) ableiten läßt. Im Gegensatz zum symmetrischen Verfahren teilen sich hier die Partner nicht ein „gemeinsames Geheimnis", sondern nur der Unterschrifteninhaber ist im Besitz des geheimen Schlüssels, mit dem die digitale Signatur erzeugt werden kann. Der öffentliche Teil steht jedoch allen Geschäftspartnern zur Verfügung. Wie bei einem persönlichen Namenszug können bei diesem Public-Key-Verfahren unterschiedliche

Empfänger einer Nachricht deren Authentizität überprüfen, jedoch den „elektronischen Namenszug" nicht erzeugen.

Prüfsumme in der Signatur

Um ein Dokument elektronisch zu unterschreiben, bieten sich in der Praxis mehrere Möglichkeiten an. So kann der Absender das gesamte Dokument mittels seines geheimen Schlüssels chiffrieren. Dies ist aber wegen des damit verbundenen hohen Rechenaufwandes sehr zeitraubend. Eine zweite Möglichkeit besteht darin, eine Prüfsumme über das Dokument zu berechnen, nur diese zu verschlüsseln und an das Dokument anzuhängen. In diesem Fall muß der Empfänger die übermittelte Prüfsumme dechiffrieren. Anschließend berechnet der Empfänger die Prüfsumme aus dem übermittelten Dokument und vergleicht das Ergebnis mit der dechiffrierten Prüfsumme. Stimmen beide Werte überein, wurde die Nachricht auf ihrem Übertragungsweg nicht verändert und ist authentisch.

Vorsicht ist angebracht

Obwohl der digitalen Signatur einige Merkmale der eigenhändigen Signatur fehlen, wird sie dennoch immer mehr Einzug in die Geschäftsabläufe der Sparkassenorgansiation halten. Insbesondere das Online-Banking über internationale Datennetze erfordert wirksame Maßnahmen zur Sicherung der Transaktionen. Dabei sind freilich einige Einschränkungen zu beachten. Während die Fähigkeit zum Leisten einer eigenhändigen Unterschrift nicht verloren gehen kann, wäre mit dem Verlust des geheimen Schlüssels auf der Chipkarte auch die Möglichkeit zum elektronischen Unterschreiben abhanden gekommen. Dies kann durch Verlieren der gesamten Chipkarte, aber auch durch technische Probleme mit Karte oder Lesegerät geschehen. Die Fähigkeit zum Leisten einer eigenhändigen Signatur ist einzigartig, die digitale Signatur hat dagegen eher den Charakter eines Siegels. Falls dieser elektronische Siegelring - also der geheime Schlüssel - kopiert wird, kann der Unterschrifteninhaber dadurch kompromittiert werden, Original und Fälschung (Kopie) sind nicht mehr voneinander unterscheidbar.

Ein weiteres Problem stellt die authentische Verteilung der öffentlichen Schlüssel dar. Denn es muß sichergestellt werden, daß der öffentliche Schlüssel tatsächlich vom angegebenen Absender stammt. An der Lösung dieses Problems durch sogenannte Zertifizierungsinstanzen, die von allen Teilnehmern des Verfahrens als vertrauenswürdig anerkannt sind, wird bereits innerhalb der Sparkassenorganisation gearbeitet.

Unterstützung der Sparkassenorganisation durch das SIZ

Auch auf der obersten Ebene des deutschen Kreditgewerbes, dem Zentralen Kreditausschuß, wurde dieses Thema bereits aufgegriffen und findet unter anderem seine verbindliche Festlegung im "Abkommen über die Datenfernübertragung zwischen Kreditinstituten und Kunden", das derzeit bei den einzelnen Verbänden zur Abstimmung steht. Insbesondere in der Anlage 2 des Abkommens werden im Kapitel 1 Standards für die Sicherheit des "Kryptographischen Verfahrens des deutschen Kreditgewerbes für die Elektronische Unterschrift im Rahmen der Kunde-Bank-Kommunikation" festgelegt. Im Interbankenzahlungsverkehr wird die digitale Signatur künftig ebenfalls eine große Rolle spielen. So ist zum Beispiel geplant, für die Kommunikation der Girozentralen und der Landesbanken mit der deutschen Bundesbank bei den Verfahren ELS (Elektronische Schalter), EAF (Elektronische Abrechnung mit Filetransfer) und EKI (Elektronische Kontoinformation) dieses Authentifizierungsverfahren einzusetzen.

In all diesen Fragen und bei der Festlegung der diesbezüglichen Standards des Kreditgewerbes auf nationaler und internationaler Ebene berät und unterstützt das SIZ den DSGV und die Sparkassenorganisation. Es wird aber auch ganz konkret an der Umsetzung dieser Konzepte in mehreren vom SIZ koordinierten Projekten gearbeitet, so daß den bankfachlichen Eigenentwicklungen diese Technologie in Zukunft zur Verfügung stehen wird, beispielsweise im Rahmen der Produktweiterentwicklung des Produktes ELKO (Elektronische Kontoführung).

3   ## Fazit und Ausblick

Die digitale Signatur wird im Finanzdienstleistungsbereich auf lange Sicht die elektronischen Geschäftsabläufe immer stärker unterstützen. Häufig unterstellte Nachteile liegen allerdings nicht, wie oft in Unkenntnis des Sachstandes behauptet wird, auf dem Gebiet der Verschlüsselung. Es besteht vielmehr ein direkter Zusammenhang zwischen der Schwierigkeit, den Modulus zu faktorisieren und der Sicherheit des RSA-Verfahrens (auf dem die digitale Signatur basiert). Je größer der Modulus, desto größer sind die Schwierigkeiten, ihn zu faktorisieren und um so sicherer ist auch das RSA-Verfahren. Der Modulus muß einerseits groß genug sein, um den Angriff durch Faktorisierung zu widerstehen, aber er darf andererseits aus Performance-Gründen auch nicht zu groß gewählt werden, um beim Benutzer noch auf Akzeptanz zu stoßen. Ein Benutzer ist in der Regel nicht bereit, länger als zehn Sekunden auf die Erzeugung der digitalen Signatur zu warten.

Welchen Aufwand es für einen Angreifer bedeutet, die Faktorisierung durchzuführen, zeigt ein Beispiel aus der akademischen Welt auf:

1984 wurde von G. Simmons die sogenannte Marsenne-Zahl $(2^{**}251\text{-}1)$ in drei Primzahlen P1, P2 und P3 faktorisiert, das Ergebnis lautete:

$$2^{**}251\text{-}1=P1^{*}P2^{*}P3$$

mit

$$P1 = 178.230.287.214.063.289.511$$

$$P2 = 61.676.882.198.695.257.501.367$$

$$P3 = 12.070.396.178.249.893.039.969.681$$

Für die Berechnung waren 32 Stunden auf einem CRAY 1 Supercomputer erforderlich. Inzwischen sind durch Lenstra auch größere Zahlen durch gewaltigen technischen Aufwand faktorisiert worden.

Durch den Einsatz von immer leistungsfähigeren Computern ist es inzwischen möglich, Zahlen der Größenordnung von

400 Bitlänge zu faktorisieren. Die größere Leistungsfähigkeit der Computer kommt jedoch auch dem Anwender der elektronischen Unterschrift zugute, so daß heute, ohne größere Wartezeiten, Schlüssellängen von 512 bis 768 Bit verarbeitet werden können.

Meldungen über "geknackte" RSA-Schlüssel beziehen sich immer nur auf Systeme kleinerer Schlüssellänge. Daher sollte man bei der Auswahl von Softwareprodukten darauf achten, daß die verwendeten Schlüssellängen mindestens 512 Bit betragen. Im Finanzsektor ist inzwischen schon eine Schlüssellänge von 768 Bit üblich und wird es voraussichtlich für die nächsten zehn Jahre auch bleiben, da der Abstand zum "gefährdeten" Bereich (eine Größenordnung von 400 Bit) gigantisch groß ist. Wie groß der Abstand ist, zeigt die Tatsache, daß mit jeder weiteren Bitstelle sich die Zahlen in ihrer Größe verdoppeln.

Welche Dimensionen dieses exponentielle Wachstum annimmt, zeigt das bekannte Beispiel vom Schachbrett: Wenn man auf das erste Feld ein Reiskorn legt, auf das vierte acht Körner usw., dann benötigt das 64te Feld mehr als zwei Jahreswelternten an Reis, um es zu füllen. Wenn dieses Wachstum auf die Verschlüsselungstechnik übertragen wird, so bedeutet dieses Anwachsen der Zahlengröße "nur" ein Wachstum der Bitlänge um 64 Bit.

Die digitale Signatur ist zwar noch kein vollwertiger Ersatz für die eigenhändige Unterschrift, aber sie ist dennoch die einzige Alternative im Bereich der Datenverarbeitung, um dort ein Maß an Sicherheit und Verbindlichkeit in den elektronischen Vorgängen zu erreichen, wie sie seit langem in den "papierenen" Abläufen üblich ist. Die Akzeptanz dieser neuen Mechanismen in den davon betroffenen wichtigen Geschäftsfeldern der Sparkassenorganisation trägt entscheidend dazu bei, daß die Effizienz, die durch die moderne Datenverarbeitung heute möglich ist, nicht zu Lasten der Sicherheit in den elektronischen Geschäftsabläufen geht.

Literatur

[1] Broschüre „Elektronische Unterschrift", Informationszentrum der Sparkassenorganisation GmbH

8 Die MailTrusT - Anwendung

1 Motivation

Wir bewegen uns in eine Zukunft, in der unser Land von leistungsfähigen, breitbandigen Computernetzen überdeckt sein wird, die alle beruflich genutzten Computer und selbst unsere privaten PCs in den Haushalten miteinander verbinden. Information-Highways und Internet sind Schlagworte, die für eine grundsätzliche Veränderung unserer Kommunikationsgewohnheiten in der Zukunft stehen. Was heute noch eher die Ausnahme ist und weitgehend Forschungseinrichtungen und Universitäten vorbehalten ist, wird morgen die übliche Kommunikationsform in der Geschäftswelt sein und übermorgen bis in die privaten Haushalte vordringen: der Austausch von Briefen und Dokumenten in elektronischer Form.

Elektronische Briefe werden auf ihrem Weg vom Sender zum Empfänger in vielen dazwischenliegenden Computern verarbeitet und gespeichert. Sie sind immateriell. Sie können gelesen und verändert werden, ohne Spuren zu hinterlassen. Dies ist technisch einfach und kann von Sender und Empfänger nicht bemerkt werden. Elektronisch übermittelte Dokumente können routinemäßig und automatisch in großem Stil auf Schlüsselworte hin abgesucht werden. Wie kann gewährleistet werden, daß eine Nachricht wirklich von demjenigen stammt, der vorgibt, der Urheber zu sein? Wie kann sichergestellt werden, daß eine Nachricht nicht auf dem Weg zum Empfänger verändert wurde? Wie kann gewährleistet werden, daß nur der vorgesehene Adressat die Nachricht liest?

2   Entwicklungsstand

Will man die Vertraulichkeit einer Nachricht bewahren, kann man sie verschlüsseln. Wenn der Empfänger denselben Schlüssel und dasselbe Verschlüsselungsverfahren anwendet wie der Sender, kann er die Nachricht wieder entschlüsseln. Auf diese Weise funktionieren konventionelle oder symmetrische Kryptosysteme wie beispielsweise das DES-Verfahren. Allerdings hilft dies in offenen Systemen nicht weiter, denn der gemeinsame Schlüssel muß zum Empfänger übertragen werden, was das Vertraulichkeitsproblem lediglich auf den Transport des Schlüssels verlagert.

Bei asymmetrischen Kryptosystemen hat jeder Teilnehmer zwei komplementäre Schlüssel, einen öffentlichen und einen geheimen. Jeder Schlüssel entschlüsselt das Chiffrat, das mit dem anderen hergestellt worden ist. Der geheime Schlüssel kann nicht aus dem öffentlichen abgeleitet werden. Der öffentliche Schlüssel kann daher über öffentliche Netze verteilt und publiziert werden. Jeder kann eine Nachricht mit dem öffentlichen Schlüssel eines Empfängers verschlüsseln, und nur dieser kann sie mit seinem geheimen Schlüssel wieder lesen. Nicht einmal der Sender kann das von ihm selbst hergestellt Chiffrat wieder entschlüsseln. Das bekannteste Kryptosystem mit diesen Eigenschaften ist das am amerikanischen MIT entwickelte RSA-Verfahren [4]. Eine sehr gute Übersicht über die zugrundeliegende Kryptographie findet sich in [11].

Mit demselben Verfahren kann man auch die Authentizität einer Nachricht beweisen. Der Sender verschlüsselt ein Komprimat der Nachricht mit seinem geheimen Schlüssel und erzeugt damit eine digitale Signatur, die der Empfänger (oder auch jeder andere) mit dem öffentlichen Schlüssel des Senders nachprüfen kann. Dies beweist, daß der Sender der wirkliche Urheber der Nachricht ist und daß die Nachricht nicht verändert wurde, denn nur der Sender besitzt den geheimen Schlüssel, mit dem die digitale Signatur erzeugt wurde.

Beides kann man nun zu einem Verfahren kombinieren, indem der Sender die Nachricht erst mit dem eigenen geheimen Schlüssel signiert und anschließend mit dem öffentlichen Schlüssel des Empfängers verschlüsselt, während der Empfänger die umgekehrten Schritte anwendet.

Eine wesentliche Bedingung ist natürlich, daß der geheime Schlüssel wirklich geheim bleibt und an den Eigentümer gebunden ist. Dies kann man dadurch erreichen, daß man alle an den Eigentümer gebundenen sicherheitsrelevanten Daten mit einem Code verschlüsselt, der nur dem Eigentümer allein bekannt ist (PIN, Personal Identification Number), oder diese Daten auf einer PIN-geschützten Smartcard speichert und auch die kryptographischen Berechnungen auf der Smartcard durchführt. Diesen an den Eigentümer gebundenen sicherheitskritischen Bereich nennt man auch PSE (Personal Security Environment).

Gelingt die Verifikation einer digitalen Signatur, muß man sicher sein, daß der dabei angewandte öffentliche Schlüssel auch von dem behaupteten Sender stammt, andernfalls könnte man nicht zweifelsfrei auf dessen Urheberschaft der Nachricht schließen. Man sieht einem kryptographischen Schlüssel ja nicht ohne weiteres an, wem er gehört. Public Key Systeme in Verbindung mit einem Zertifizierungssystem, wie es im X.509 Authentication Framework spezifiziert ist [1], bieten eine theoretische Möglichkeit, dieses Problem zu lösen. Jeder öffentliche Schlüssel wird durch eine „Trusted Third Party" (Zertifizierungsinstanz) beglaubigt. Die Zertifizierungsinstanz hat zu prüfen, ob ein öffentlicher Schlüssel und eine Person mit einem eindeutigen Namen wirklich zusammengehören. In diesem Fall signiert die Zertifizierungsinstanz digital mit ihrem privaten Schlüssel ein Zertifikat, das den öffentlichen Schlüssel, den Namen des Eigentümers und den Namen der Zertifizierungsinstanz enthält. Diesen Schritt kann man rekursiv wieder auf den öffentlichen Schlüssel der Zertifizierungsinstanz anwenden, dessen Bindung an den Eigentümer durch eine weitere Instanz bestätigt wird und so weiter. Auf diese Weise entsteht ein Netzwerk von Zertifizierungsinstanzen, die dezentral organisiert und betrieben werden können und die die Basis der Authentizitätsbeweise der Benutzer bilden. Dieses nennt man Zertifizierungsinfrastruktur. Ein Benutzer, der die Authentizität des öffentlichen Schlüssels eines anderen Benutzers prüfen will, hätte den Zertifizierungspfad zwischen den Benutzern zu finden, der mindestens einen gemeinsamen „Point of Trust" enthalten müßte, also den öffentlichen Schlüssel einer Instanz, dem beide Benutzer trauen.

In der Praxis allerdings existiert keine globale Zertifizierungsinfrastruktur. Es gibt nur einige wenige lokale Zertifizierungsinstanzen, die auf experimenteller Basis arbeiten. Eine routinemäßige Anwendung dieser Technologie erfordert aber auch, daß sie in die Endanwendungen, beispielsweise in die Mailsysteme oder in die WorldWideWeb Clients und Server, eingebaut ist, damit die Erzeugung und Verifikation digitaler Signaturen automatisch erfolgen kann. Es gibt aber praktisch keine Produkte mit dieser Technologie, da die dazu notwendige Zertifizierungsinfrastruktur nicht existiert, und es wird keine Zertifizierungsinfrastruktur aufgebaut, da die Produkte fehlen, die sie anwenden.

In Forschung und Industrie wurden vielfältige technologische Komponenten und Produkte entwickelt, die die Anwendung der digitalen Signatur ermöglichen, z. B. kryptofähige Prozessorchips, Smartcardsysteme und Datenaustauschsysteme. Wesentliche Vorarbeiten wurden auch in den EU-Projekten PASSWORD [3], [7] und SESAME geleistet. Im Rahmen von PASSWORD wurde das Security-Toolkit SecuDE der GMD [8], [9] weiterentwickelt und seine Interworkingfähigkeit mit ähnlichen Produkten aus Westeuropa und Nordamerika demonstriert.

3   Das TeleTrusT-Projekt MailTrusT

Im MailTrusT-Projekt arbeiten zehn TeleTrusT-Mitglieder aus Forschung und Industrie zusammen, um die vorgenannten Entwicklungen zu integrieren und durch kompatible Ausführung von Verschlüsselung und digitaler Signatur die Interoperabilität der Systeme zu erreichen. Als erstes Ergebnis wird eine gemeinsame Anwendung, der Austausch von elektronischen Dokumenten mit Hilfe von *Electronic Mail* und

Filetransfer, auf der Systems 95 in München demonstriert werden. Es wird dabei gezeigt,

- daß ein mit dem System des einen Herstellers digital signiertes Dokument auf dem System eines anderen Herstellers validiert werden kann, d.h. die digitale Unterschrift verifiziert werden kann,

- daß ein mit dem System des einen Herstellers verschlüsseltes Dokument auf dem System eines anderen Herstellers wieder entschlüsselt werden kann.

Für die Erzeugung der digitalen Signatur und für die Verschlüsselung werden herstellerspezifische Smartcardsysteme bzw. Kryptomodule als PSE eingesetzt. Die Interworkingfähigkeit zwischen allen Systemen setzt voraus, daß ein gemeinsames Datenaustauschformat für das Dokument sowie ein gemeinsames Zertifikatsformat benutzt wird. Als gemeinsames Dokumentformat wurde das im Internet entwickelte PEM-Format (Privacy Enhanced Mail) [2] gewählt, das sich als weltweiter Standard auf diesem Gebiet etabliert hat. Als Format für die kryptographischen Elemente wie die digitale Signatur beinhaltet dies die Anwendung der PKCS (Public Key Crypto Standards) Formate [6]. Für die Zertifizierung werden X.509 Formate und Prozeduren nach dem in RFC 1422 spezifizierten Trustmodell [2] angewendet.

Das MailTrusT-Projekt wird den beteiligten deutschen Industriepartnern helfen, marktfähige Produkte mit Public Key Sicherheitstechnologie zu entwickeln, indem sowohl Endanwendungen bereitgestellt werden als auch die dazu notwendige Zertifizierungsinfrastruktur aufgebaut wird.

Das zentrale Element des MailTrusT-Projektes ist daher die Bereitstellung der Zertifizierungsinfrastruktur. An der Spitze dieser Infrastruktur steht eine sogenannte Policy Certification Authority (PCA). Die PCA legt für alle unter ihr operierenden Zertifizierungsinstanzen die technischen und organisatorischen Verfahren fest, die die Sicherheit des Gesamtsystems bestimmen. Dazu gehören

- die Verfahren der Erzeugung kryptographisch sicherer Schlüssel,

- die Sicherstellung der Bindung des privaten Schlüssels an den Eigentümer,

- das Verfahren, das eine Zertifizierungsinstanz anwendet, um die Bindung eines öffentlichen Schlüssels an seinen Eigentümer zu prüfen und zu zertifizieren,

- die Gültigkeitsdauer von Zertifikaten,

- die Bedingungen, unter denen einmal zertifizierte öffentliche Schlüssel wieder gesperrt werden können,

- die Handhabung von Zertifikatssperrlisten,

- eventuelle Garantieleistungen, die mit der Zertifizierung verbunden sein können.

Diesen Satz von Regeln nennt man Security Policies. Dadurch, daß alle Zertifizierungsinstanzen unterhalb der PCA nach diesen gleichen Regeln operieren, die dann auch in die entsprechende Verifikationssoftware eingebaut werden müssen, sind Zertifikatsketten, die bei einer PCA enden, automatisch validierbar, ein Kriterium, das für Informationsverarbeitungssysteme wesentlich ist.

Beim MailTrusT-Projekt wird die PCA von TeleTrusT betrieben. Organisationsspezifische Zertifizierungsinstanzen können sich in den TeleTrusT-Zertifizierungsbaum einhängen. Die Blätter des Baumes sind die Endbenutzer, die mit der TeleTrusT-PCA als „Common Point of Trust" sicher miteinander kommunizieren können. (Siehe auch Kapitel V.3).

Literatur

[1] The Directory (1993)   CCITT Recommendations X.500-X.525 (ISO/IEC 9594)

[2] Privacy Enhancement for Internet Electronic Mail (PEM): Part I - IV, Internet Proposed Standard, RFC-1421 - 1424, 1993

[3]   PASSWORD Project Deliverables, available through ftp://cs.ucl.ac.uk/password/rXX.ps from UCL, London.

[4]   R. Rivest, A. Shamir, L. Adleman: A Method for Obtaining Digital Signatures and Public Key Cryptosystems. Com ACM, Vol 21 No 2, 120-126, Feb 1978.

[5]   T. ElGamal: A Public Key Cryptosystem and a Signature Scheme Based on Discrete Logarithms. IEEE Transactions on IT, Vol.IT-31, 469-472, 1985.

[6]   RSA Data Security, Inc., Public Key Cryptography Standards #1-9 (PKCS), June 3, 1991.

[7]   P. Kirstein, P. Williams: Piloting authentication and security services within OSI applications for RTD information (PASSWORD). 3rd Joint European Networking Conference, Innsbruck, Austria, 11-14 May 1992. In: Computer Networks and ISDN Systems, Vol. 25, Numbers 4-5, Nov 1992. Elsevier Science Publishers B.V. (North-Holland), pp.483-489.

[8]   W. Schneider (Ed.): SecuDE. – Overview. Arbeitspapiere der GMD 775. Bonn: GMD, September 1993. Also: Vol.2: Security Commands, Functions and Interfaces, Sep 93, available through ftp://ftp.darmstadt.gmd.de/pub/secude

[9]   R. Grimm, J. Lühe, W. Schneider: Towards Trustworthy Communication Systems – Experiences with the Security Toolkit SecuDE. In: Proceedings of the IFIP TC6/WG6.5 International Conference on Upper Layer Protocols, Architectures and Applications (ULPAA' 94), Barcelona, 1.-3. Juni 1994, pp. 103-116. IFIP Transactions, Elsevier Science Publishers B.V. (North-Holland), 1994.

[10] ISO 10021 / CCITT X.400: MOTIS / MHS. Message Handling Systems. 1988.

[11] Schneier, Bruce: Applied Cryptography. Protocols, Algorithms, and Source Code in C. John Wiley & Sons, Inc., New York 1994, 618 pages.

[12] Generic Security Services Application Programmer Interface (GSSAPI), RFC 1508

S. Herda

1

Zurechenbarkeit - Verbindlichkeit - Nichtabstreitbarkeit

Technische Probleme und Lösungen

1 Einleitung

Die Zurechenbarkeit von Informationen zu ihrem Urheber ist in der Vergangenheit auf sehr unterschiedliche Weise erfolgt. Zunächst wurden wichtige Dokumente, wie z.B. Urkunden, mit dem Siegel ihres Urhebers versehen. Das Siegel trug in der Regel ein dem Adressatenkreis bekanntes Signet des Urhebers. Mit zunehmender Schriftkunde wurde die eigenhändige Unterschrift als Äquivalent zum Siegel akzeptiert. Im elektronischen Medium sind eigenhändige Unterschriften wegen der spurlosen Kopierbarkeit und Änderbarkeit ein untaugliches Mittel geworden, die Zurechenbarkeit eines elektronischen Dokuments zu seinem Urheber zu garantieren.

Es stellt sich die Frage wie und in welchem Umfang die von der modernen Kryptographie bereitgestellten technischen Verfahren und Mechanismen der Verschlüsselung (basierend auf symmetrischen kryptographischen Verfahren) und der digitalen Signatur (basierend auf asymmetrischen kryptographischen Verfahren) in der Lage sind, Zurechenbarkeit in elektronischen Medien zu etablieren.

Die Zurechenbarkeit ist eine wichtige Voraussetzung für die Rechtsverbindlichkeit von Willenserklärungen und für die Nichtabstreitbarkeit der Urheberschaft oder des Ursprungs von Informationen und deren Übermittlung. Nichtabstreitbarkeit kann mehr bedeuten als Zurechenbarkeit und Verbindlichkeit: der Empfänger eines Dokuments kann dieses dem Absender oder Urheber nachweisbar zurechnen und die Willenserklärung als verbindlich betrachten, er kann aber gegebenenfalls abstreiten, daß ihm das Dokument fristgerecht zugestellt worden ist. Für die Nichtabstreitbarkeit in der elektronischen Kommunikation sind daher weitere technische Verfahren und Mechanismen bereitzustellen.

Der technische Lösungsansatz für Zurechenbarkeit, Verbindlichkeit und Nichtabstreitbarkeit in elektronischen Medien besteht in der Bereitstellung von „elektronischen" Beweismitteln, die von jedermann überprüfbar sind.

Es werden zunächst die Probleme und Lösungsalternativen diskutiert, die sich mit dem Anspruch an digitale Signaturen als Äquivalent zu eigenhändigen Unterschriften ergeben.

Die Verwendbarkeit von Verschlüsselungsverfahren und Authentikatoren basierend auf symmetrischen kryptographischen Algorithmen erfordert die Unterstützung eines *vertrauenswürdigen Dritten** (auch Trusted Third Party, TTP genannt) zur Zeit der Erzeugung der Beweismittel.

Abschließend wird auf die Verfahren zur Nichtabstreitbarkeit (non-repudiation) bei der elektronischen Kommunikation eingegangen, die zur Zeit vom internationalen Normungsgremium ISO/IEC standardisiert werden.

*Die mit einem * versehenen Begriffe sind im Anhang dieses Beitrages erläutert.*

2   Digitale Signaturen

Digitale Signaturen *SIG* werden mit Hilfe eines Signatur-Algorithmus (Signatur-Operator S) unter Verwendung des privaten Signierschlüssels des Unterzeichners (Signierer) X erzeugt:

$$SIG(y) = S_X(y)$$

Abhängig davon, wie der Signatur-Algorithmus auf die Nachricht y angewendet wird – entweder direkt auf die Nachricht

y oder auf den aus y erzeugten *Hash-Wert** $H(y)$ –, ergeben sich zwei Arten digitaler Signaturen:

1. Signaturen mit Wiedergewinnung der Nachricht (giving message recovery, siehe [1]):

$$SIG(y) = S_x(y)$$

2. Signaturen mit Anhang (appendix):

$$SIG(y) = y \| S_x(H(y))$$

Um als Beweismittel gelten zu können, müssen die Anforderungen an eigenhändige Unterschriften, insbesondere die Echtheitsfunktion und die Identitätsfunktion erfüllt sein.

Es gibt zwei Typen von digitalen Signaturen, die sich durch die Art der Bindung des Signierers zu seinem Schlüsselpaar unterscheiden.

2.1 Digitale Signaturen mit Zertifikat

Zertifikatbasierte Signaturen sind mit einem von einer *Zertifizierungsinstanz** (CA) erzeugten *Zertifikat** versehen, das die Zugehörigkeit des Schlüsselpaares zum Signierer beglaubigt (certificate-based signatures). Diese Beglaubigung kann über mehrere Stufen bis zu einer allgemein bekannten Zertifizierungsinstanz erfolgen, dessen öffentliche Parameter (Schlüssel) bekannt sind.

Neben der Tatsache, daß die Signatur eines Signierers für jedes Dokument verschieden ist, hat er so viele 'Identitäten', wie er Schlüsselpaare besitzt (z.B. für Bankanwendungen, Kommunikationsdienste, usw.).

2.2 Identitätsbasierte Signaturen

Bei Identitätsbasierten Signaturen wird der private Schlüssel (Signierschlüssel) des Signierers von einer *vertrauenswürdigen Instanz** aus den Informationen hergeleitet, die den Signierer eindeutig identifizieren (identity-based signatures). Zur Schlüsselerzeugung benutzt der Schlüsselgenerierer (SG) zwei weitere Parameter, zwei große Primzahlen, die er geheimhält. Das Produkt dieser Primzahlen wird öffentlich bekannt gegeben und für die Echtheitsprüfung der Signatur verwendet. Die Zugehörigkeit dieses Parameters zum Schlüsselerzeuger (SG) muß durch eine andere vertrauenswürdige Instanz bestätigt werden, falls der Parameter nicht allgemein bekannt ist. Das Zertifikat (Parameterzertifikat) kann mit Hilfe zertifikatsbasierter oder identitätsbasierter Signaturen erzeugt werden.

Der Vorteil dieses Signaturtyps ist die starke Verknüpfung mit der Identität des Signierers, wodurch das prinzipielle Defizit digitaler Signaturen bezüglich der Identitätsfunktion reduziert wird, das darin besteht, daß der eigentliche (technische) Signiervorgang an eine Maschine (den Rechner) delegiert wird.

Die Sicherheit der Signaturschlüssel hängt ab von der Geheimhaltung der Primzahlen beim Schlüsselerzeuger (SG) und von der Schwierigkeit der Zerlegung des öffentlich bekannten Parameters in seine Primfaktoren (Faktorisierung).

Die Geheimhaltung der Primzahlen beim Schlüsselerzeuger (SG) kann durch technische (Hardwarebox) und organisatorische Maßnahmen erhöht werden. Der Aufwand für die Faktorisierung wird durch die Länge des Parameters bestimmt. Eine Verlängerung des Parameters um 20 Bits verdoppelt den Faktorisierungsaufwand.

2.3   Digitale Signaturen mit Wiedergewinnung der Nachricht

Bei diesem Typ kann die Signatur, die über das ganze Dokument erzeugt wurde, analog zu einem handgeschriebenen Dokument angesehen werden, wobei die Handschrift auf den Signierer schließen läßt. Dieser Typ wird in der Regel dort verwendet, wo kurze Daten signiert werden müssen und die Länge der Signatur der Länge der Daten entsprechen muß.

Eine Manipulationsmöglichkeit bei längeren signierten Dokumenten besteht darin, daß ein Angreifer einen Abschnitt der Signatur, der der Blocklänge des Signatur-Algorithmus entspricht, durch einen anderen Abschnitt ersetzt, der vom Signierer mit dem gleichen Schlüssel signiert wurde.

Diese Manipulation kann dadurch verhindert werden, daß das Dokument mit einem Hash-Wert oder einem *Authentikator** versehen wird, der ebenfalls signiert wird.

2.4 Digitale Signaturen mit Anhang

Der Vorteil dieser Signaturen ist,

- daß aus ihnen das Dokument praktisch nicht rekonstruiert werden kann; praktisch heißt, nur mit sehr hohem Rechenaufwand,

- daß der Signiervorgang (Signieren) und die Echtheitsprüfung (Verifikation) der Signatur relativ schnell ist, da in der Regel das Erzeugen des Hash-Wertes sehr schnell ist,

- daß das Hinzufügen der Signatur zum Dokument wie bei eigenhändigen Unterschriften erfolgt.

An die *Hash-Funktion** werden hohe Sicherheitsanforderungen gestellt: jede geringfügige Änderung des Dokuments muß eine Änderung des Hash-Wertes verursachen, Manipulationen am Dokument dürfen nicht den gleichen Hash-Wert ergeben.

Der Anhang zu diesen Signaturen ist das Dokument, für das die Signatur erzeugt wurde.

2.5 Das Echtheitsproblem signierter Dokumente

Die spurlose Änderbarkeit und Kopierbarkeit in elektronischen Medien betrifft auch signierte Dokumente. Der Empfänger eines signierten Dokuments kann die Signatur einschließlich der Zertifikate spurlos entfernen, selbst signieren und sich damit als Urheber des Dokuments ausgeben. Eventuell im Dokument vorhandene Zeitangaben (Datum der Erstellung) kann er ebenfalls spurlos verändern, z.B. rückdatieren.

Um die Zurechenbarkeit und Verbindlichkeit zu garantieren, sind Verfahren zur Nichtabstreitbarkeit (siehe Abschnitt 4) anzuwenden. Der Urheber fügt zu dem von ihm erzeugten Dokument einen Zeitstempel hinzu, den er von einem vertrauenswürdigen Zeitgeber erhält. Dazu sendet der Urheber eine Anfrage an den Zeitgeber, die den Hash-Wert des Dokuments enthält. Der Zeitgeber signiert Datum und Uhrzeit sowie den erhaltenen Hash-Wert und stellt diese Informationen dem Urheber zur Verfügung. Darüber hinaus oder alternativ dazu kann der Urheber das Dokument von einem elektronischen Notar signieren, d.h. gegenzeichnen lassen.

Ein weiterer Lösungsansatz besteht darin, daß in der internen Darstellung des Dokuments authentifizierende Merkmale 'versteckt' werden, die das Erscheinungsbild nicht wahrnehmbar verändern. Dazu ist es erforderlich, daß das Dokument intern nicht in der Zeichendarstellung (z.B. ASCII-Code, ISO 646) gespeichert wird, sondern in Bildpunkten (pixels), die z.B. in der Bitmap-Darstellung gespeichert werden. Die auf *symmetrischen Verschlüsselungsverfahren** basierenden Authentikatoren werden abschnittsweise 'gesammelt' und dann signiert. Die Authentikatoren sind so in den einzelnen Bildpunkten gespeichert, daß sie von einem Angreifer nicht spurlos modifiziert oder entfernt werden können. Diese Bildpunkterfassung hat den Vorteil, daß weitere Informationen des Dokuments, wie Unterstreichungen, Kursiv- und Fettschrift, Buchstabenform und -größe ebenfalls erfaßt werden. Das elektronische Dokument wird somit zur elektronischen Urkunde, wobei auf dieser Betrachtungsebene nicht zwischen Original und Kopie unterschieden werden kann.

Dieses Verfahren befindet sich zur Zeit für Bilddarstellungen (Videofilmen) in Erprobung (siehe [8]). Für einen breiteren Einsatz sind standardisierte Verfahren der digitalen Bildpunktdarstellung erforderlich.

3   Elektronische Siegel

Im internationalen Normungsgremium ISO/IEC werden für die Nichtabstreitbarkeit (non-repudiation) neben digitalen Signaturen auch – dort Secure Envelopes (SENV) genannte – elektronische Siegel standardisiert (siehe [5], [6], [7]).

Diese Siegel werden immer von einer *vertrauenswürdigen Instanz** versiegelt und auf Anforderung auf ihre Echtheit geprüft. Die Siegel können in Analogie zu digitalen Signaturen als Zertifikate betrachtet werden. Zur Erzeugung der Siegel werden ausschließlich *symmetrische Kryptosysteme** eingesetzt. Zur Erzeugung von Siegeln werden zwei Verfahren vorgeschlagen:

1.   Versiegelung durch Verschlüsselung

Das Siegel (SENV) wird durch Verschlüsselung (Chiffrierung) (Operator *E*) der Daten mit dem geheimen Schlüssel der vertrauenswürdigen Instanz X erzeugt. Die Daten bestehen aus dem Dokument *y*, an das die Redundanz *RED* angefügt wird, die aus *y ohne* Verwendung eines geheimen Parameters abgeleitet wird (z.B. ein Hash-Wert, siehe [3], [4]).

$$SENV_X(y) = E_X(y\|\,RED)$$

2.   Versiegelung mit parametrisierter Redundanz

Das Siegel (SENV) besteht aus dem Dokument y , an das die Redundanz *RED* hinzugefügt wird, die aus y mit Hilfe eines geheimen Parameters der Instanz X abgeleitet wird (z.B. Message Authentication Code, MAC, siehe [2]).

$$SENVx(y) = y\|\,RED_x(y)0$$

Der geheime Schlüssel der vertrauenswürdigen Instanz ist und bleibt nur dieser bekannt. Die Verfahren der Versiegelung werden vornehmlich in geschlossenen Systemen, d.h. in Anwendungen mit geschlossener Benutzergruppe, verwendet. Die Siegel müssen nicht notwendigerweise bei der vertrauenswürdigen Instanz aufbewahrt werden, nur der Versiegelungsschlüssel muß sicher gespeichert sein, auch über einen längeren Zeitraum.

Die Sicherheit der Siegel, d.h. ihre Fälschbarkeit, ist durch das verwendete *Kryptosystem** und die Geheimhaltung der Schlüssel bestimmt. Da symmetrische Kryptoverfahren sehr effizient sind, können Siegel durch mehrfache Verschlüsselung sehr sicher erzeugt werden.

Inwieweit sie vor Gericht verwertbar sind, kann noch nicht gesagt werden, weil diesbezügliche Gerichtsverfahren nicht bekannt sind.

4   Verfahren der Nichtabstreitbarkeit

Digitale Signaturen und elektronische Siegel sind in vielen Fällen nicht hinreichend, um Nichtabstreitbarkeit zu garantieren, insbesondere wenn Zeitgerechtheit eine weitere Forderung ist, wie z.B. bei der Feststellung der Urheberschaft oder der fristgerechten Zustellung übermittelter Dokumente.

Das bereits erwähnte internationale Normungsgremium ISO/IEC standardisiert zur Zeit die Verfahren und Mechanismen für den Dienst der Nichtabstreitbarkeit (non-repudiation service) unter Verwendung digitaler Signaturen und elektronischer Siegel als Basisfunktionen zur Bereitstellung von Beweismitteln.

Als weitere vertrauenswürdige Instanzen (Trusted Third Parties, TTP) werden eingeführt:

- ein vertrauenswürdiger Zeitgeber, der auf Anfrage sichere Zeitangaben (Datum / Uhrzeit) bereitstellt,

- ein elektronischer Notar, der auf Anfrage ein ihm vorgelegtes Dokument gegenzeichnet, d.h. mit seiner digitalen Signatur versieht oder versiegelt,

- ein vertrauenswürdiger Mediator, z.B. ein Mehrwertdienstanbieter (Value Added Service Provider), der die sichere Übermittlung und gegebenenfalls weitere Rollen, wie die des Versiegelers, übernimmt,

- eine vertrauenswürdige speichernde Stelle, die die Beweismittel speichert und zur Überprüfung (Echtheitsprüfung) bereitstellt.

Die Inanspruchnahme dieser Instanzen hängt von der IT-Anwendung und der für diese Anwendung geltenden oder unter den Partnern vereinbarten *Sicherheitspolitik** ab.

4.1   Dienste der Nichtabstreitbarkeit

Die in den Normen zu Non-repudiation bisher vorgesehenen Dienste sind so definiert, daß sie in einer Anwendung einzeln in Anspruch genommen werden können.

1. Nichtabstreitbarkeit des Ursprungs (Non-repudiation of Origin)

Dieser Dienst stellt Beweismittel bereit, aufgrund derer der Sender einer Nachricht nicht abstreiten kann, diese Nachricht mit bestimmten Inhalt gesendet zu haben.

2. Nichtabstreitbarkeit des Empfangs (Non-repudiation of Delivery)

Dieser Dienst stellt Beweismittel bereit, aufgrund derer der Empfänger nicht abstreiten kann, eine Nachricht mit bestimmtem Inhalt empfangen zu haben.

3. Nichtabstreitbarkeit der Entgegennahme (Non-repudiation of Submission)

Dieser Dienst stellt Beweismittel bereit, aufgrund derer der Übermittler (Delivery Authority) nicht abstreiten kann, eine vom Sender übergebene Nachricht mit bestimmtem Inhalt zum Zwecke der Übermittlung an einen bestimmten Empfänger entgegengenommen zu haben.

4. Nichtabstreitbarkeit der Zustellung (Non-repudiation of Transport)

Dieser Dienst stellt Beweismittel bereit, aufgrund derer der Übermittler einer Nachricht nicht abstreiten kann, daß er die vom Sender entgegengenommene Nachricht mit bestimmtem Inhalt dem richtigen Empfänger zugestellt hat.

Dieser Dienst ist in der gegenwärtigen Fassung noch strittig. Die Zustellung müßte unter Beteiligung des Übermittlers *und* des Empfängers bzw. des Systems, das die Nachricht entgegennimmt, geschehen. Der Dienst müßte folgendermaßen ergänzt werden:

Dieser Dienst stellt Beweismittel bereit, aufgrund derer der Empfänger einer Nachricht nicht abstreiten kann, daß ihm vom Übermittler eine Nachricht mit bestimmtem Inhalt zugestellt worden ist.

4.2 **Non-repudiation Token**

Die einzelnen Dienste werden durch die Übermittlung soge-
nannter Token realisiert. Ein Non-repudiation Token besteht
aus Datenfeldern, die in den Non-repudiation Protokollen
übertragen werden. Ein Token kann ein oder mehrere Zertifikate *(CERT)* enthalten sowie noch weitere mit *text* bezeich-
nete Daten, die nicht als Beweismittel in Betracht kommen,
wie z.B. Hinweise auf auszuwählende Schlüssel (key identifier) oder Dokumente (message identifier). Die Token werden in der Regel vom Initiator erzeugt.

Das allgemeine Non-repudiation Token *TNR* ist folgendermaßen definiert:

$$TNR = text \| CERT(z)$$

$$mit \qquad CERT(z) = \frac{SENV}{SIG}(z)$$

$$und \qquad z = f \| A \| B \| D \| T \| H(y)$$

Das Datenfeld z besteht aus den zu zertifizierenden Angaben. Dabei bezeichnet:

f	den Typ des Dienstes (z.B. non-repudiation of origin, of delivery)
A	die Kennung (distinguished name) des Initiators des jeweiligen Dienstes
B	die Kennung des Empfängers
D	die Kennung des Übermittlers (gegebenenfalls)
T	eine sichere Zeitangabe (time stamp)
H(y)	entweder den Hash-Wert des Dokuments y oder das Dokument y selbst.

4.3 **Das Modell für Nichtabstreitbarkeit**

Der Sender A erzeugt eine Nachricht y sowie – falls erforderlich – als Nachweis der Urheberschaft ein Non-repudiation of

Origin - Token (NRO) und sendet die Nachricht mit dem Beweismittel an den intendierten Empfänger B (siehe Abb. 1).

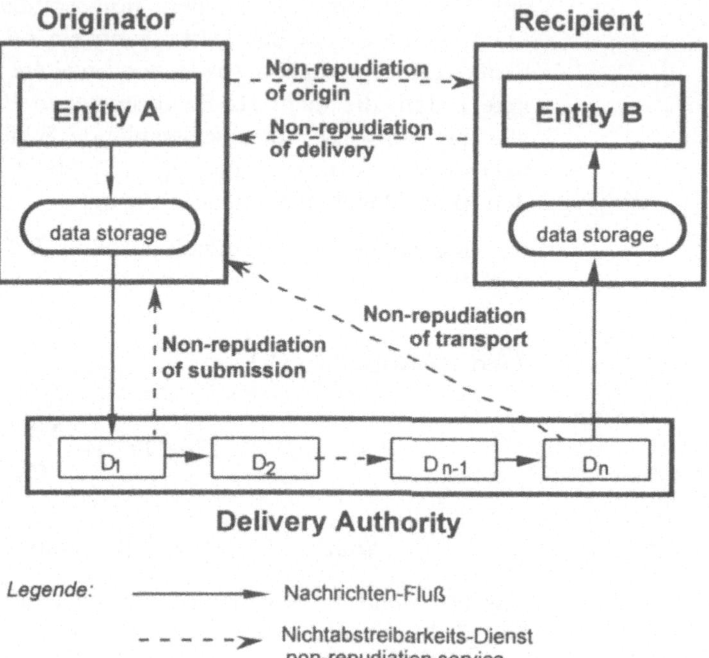

Aufgrund der Anforderung der spezifischen Anwendung, den verwendeten Basisfunktionen (symmetrische oder asymmetrische kryptographische Verfahren) oder aufgrund der jeweiligen Sicherheitspolitik erzeugt ein vertrauenswürdiges Übermittlungssystem D zum Nachweis der Entgegennahme *(Submission)* und der Zustellung *(Delivery)* der Nachricht in den Datenspeicher *(data storage)* von B ein Non-repudiation of Submission Token (NRS) bzw. Non-repudation of Transport - Token (NRT). Das Übermittlungssystem D kann aus mehreren Subsystemen D_i, i=1, ..., n, bestehen, z.B. ein Nachrichtenvermittlungssystem MHS.

Aufgrund der Forderung des Senders A oder aufgrund der für die spezifische Anwendung geltende Sicherheitspolitik erzeugt der Empfänger *B* zum Nachweis des Erhalts der Nachricht ein Non-repudiation of Delivery -Token (NRD) und sendet dieses zurück an *A*.

In vielen Fällen ist neben der Tatsache des Absendens und Empfangens einer Nachricht bestimmten Inhalts die Absende- und Empfangszeit gleichermaßen wichtig. Diese Zeiten sind je nach Anforderung als 'sichere' Zeitangabe von einem vertrauenswürdigen Zeitgeber (TTP) bereitzustellen.

Die Beweismittel werden von der jeweiligen Instanz *(A, B, D)* selbst oder von einem vertrauenswürdigen Dritten (TTP) erzeugt, abhängig von den eingesetzten Verfahren für ihre Erzeugung oder von der für die jeweilige Anwendung geltende Sicherheitspolitik.

Literatur

[1]   ISO/IEC 9796 :1991,   Information technology - Security techniques - Digital Signature Scheme Giving Message Recovery

[2]   ISO/IEC 9797 : 1994,   Information technology - Security techniques - Data integrity mechanism using a cryptographic check function employing a block cipher algorithm

[3]   ISO/IEC 10118-1 : 1994,   Information technology - Security techniques - Hash-functions - Part 1: General

[4]   ISO/IEC 10118-2 : 1994,   Information technology - Security techniques - Hash-functions - Part 2: Hash functions using a symmetric block cipher algorithm

[5]   ISO/IEC CD 13888-1, Information technology - Security techniques - Non-repudiation - Part 1: General Model, ISO/IEC JTC1/SC27 N1105

[6]   ISO/IEC CD 13888-2, Information technology - Security techniques - Non-repudiation - Part 2: Mechanisms using symmetric cryptographic techniques, ISO/IEC JTC1/SC27 N949, 10.94

[7]   ISO/IEC WD 13888-3, Information technology - Security techniques -Non-repudiation - Part 3: Mechanisms using asymmetric cryptographic techniques, ISO/IEC JTC1/SC27 N869, 11.10.94

[8]   Walton, Steve: Image Authentication for a Slippery New Age, Dr. Dobb's Journal, April 1995, S. 18 ff

Authentikator   *authenticator*

Ein Authentikator ist ein Datenelement, das mit Hilfe einer Rechenvorschrift (Algorithmus, z.B. Einwegfunktion) aus den Daten abgeleitet wird und je nach Art der verwendeten Rechenvorschrift (Algorithmus) geeignet ist,

1. die Integrität der Daten (ihre Unversehrtheit) nachzuweisen

    (z.B. durch Verwendung einer Einwegfunktion ohne geheimen Parameter (z.B. Hash-Funktion, MDC (Manipulation Detection Code)),

2. die Integrität der Daten und die Authentizität ihres Ursprungs nachzuweisen

    (z.B. durch Verwendung einer Einwegfunktion mit einem geheimen Parameter (z.B. DAC/MAC: Data/ Message Authentication Code)),

3. die Integrität der Daten, die Authentizität ihres Ursprungs und die des Urhebers nachzuweisen

    (z.B. durch Verwendung einer Einwegfunktion mit einem geheimen und einem nicht geheimen Parameter, wobei der nicht geheime Parameter zur Echtheitsprüfung von jedem beliebigen Dritten verwendet werden kann (z.B. digitale Signaturen)).

Digitale Signatur   *digital signature*

(*syn.:* Digitale Unterschrift, elektronische Unterschrift)
Digitale Signaturen werden mit asymmetrischen Kryptoverfahren erzeugt, wobei der zu signierende Text (Zeichenfolge) mit Hilfe eines Parameters (Schlüssel) transformiert wird, über den nur der Unterzeichner (Signierer) verfügt. Die Signaturprüfung (Echtheitsprüfung der Signatur) wird mit Hilfe des öffentlich bekannten Schlüssels durchgeführt.

Mit Hilfe digitaler Signaturen können wie bei eigenhändigen Unterschriften verbindliche Willenserklärungen abgegeben werden, insofern die den eigenhändigen Unterschriften zugeschriebenen Anforderungen der Echtheits-, Identifikations-, Abschluß und Warnfunktion erfüllt sind. Die Beweisfunktion hängt davon ab, in welchem Maße die vier genannten Anforderungen erfüllt sind.

Ein Signatur-Algorithmus besteht aus einem Algorithmus zur Erzeugung der Schlüssel, einem Algorithmus zur Erzeugung der Signatur und einem Algorithmus zur Echtheitsprüfung (Verifizierung) der Signatur.

Einwegfunktion *one-way function, OWF*

Eine (mathematische) Funktion, die einfach (d.h. ohne großen Aufwand) zu berechnen, deren Inverses zuberechnen jedoch sehr schwierig ist.

Exakte Definition: Eine Funktion $f: X \Rightarrow Y$ wird als Einwegfunktion bezeichnet, wenn $f(x)$ für alle x in X einfach zu berechnen, es jedoch für ein gegebenes y in $f(X)$ rechnerisch sehr schwierig ist, ein Element x zu finden mit $y=f(x)$ für fast alle y in $f(X)$.

Hash-Funktion *hash function*

Eine Hashfunktion komprimiert (Eingabe-) Daten beliebiger Länge zu einem (Ausgabe-)Wert (Hash-Wert) fester Länge, wobei die Hash-Funktion die Einweg-Eigenschaft besitzen muß.

Soll die Einweg-Eigenschaft besonders betont werden, spricht man von Einweg-Hashfunktion.

Einweg-Hashfunktion *one-way hash function*

Eine Hash-Funktion wird als Einweg-Hashfunktion bezeichnet, wenn sie die Einweg-Eigenschaft besitzt in dem Sinne, daß es rechnerisch schwierig ist:

-   zu einem gegebenen Hash-Wert eine Nachricht mit dem gleichen Hash-Wert zu finden,

- zu einer gegebenen Nachricht und zugehörigem (gegebenen) Hash-Wert eine Nachricht mit gleichem Hash-Wert zu finden.

Kollisionsresistente Hash-Funktion   *collisionresistant hash function*

Eine kollisionsresistente Hash-Funktion ist eine Einweg-Hashfunktion mit der zusätzlichen Eigenschaft, daß es rechnerisch schwierig ist, zwei bestimmte (bedeutungstragende) Nachrichten zu finden, die den gleichen Hash-Wert besitzen.

Hash-Wert   *hash code*

(*syn.:* Hash-Resultat)
Das Ergebnis der Anwendung einer Hashfunktion auf eine Zeichenkette beliebiger Länge. Die Länge des Hash-Wertes wird durch die Hashfunktion bestimmt.

Kryptosystem   *cryptosystem*

(*syn.:* Verschlüsselungsverfahren)
Ein Kryptosystem besteht aus einem Algorithmus, der eine Eingabemenge parametergesteuert in eine Ausgabemenge transformiert. Der Parameter wird als Schlüssel bezeichnet. Ein Kryptosystem transformiert umkehrbar mit Hilfe eines Schlüssels den Klartext in einen Kryptotext (Chiffrat).

Symmetrisches Kryptosystem   *symmetric cryptosystem*

(*syn.:* symmetrisches Verschlüsselungsverfahren)
Ein symmetrisches Kryptosystem besteht aus einem Algorithmus, bei dem der gleiche Schlüssel für die Verschlüsselung (Kryptierung, Chiffrierung) wie für die Entschlüsselung (Dekryptierung, Dechiffrierung) benutzt wird. Ohne die Kenntnis des geheimen Schlüssels ist es praktisch unmöglich (computationally infeasible), die Kryptierung und Dekryptierung durchzuführen.

Asymmetrisches Kryptosystem — *asymmetric cryptosystem*

(*syn.:* asymmetrisches Verschlüsselungsverfahren)
Ein asymmetrisches Kryptosystem besteht aus einem Algorithmus, der für die kryptographischen Transformationen der Kryptierung und Decryptierung zwei unterschiedliche Schlüssel benutzt, die in Beziehung zueinander stehen. Die beiden Schlüssel haben die Eigenschaft, daß es praktisch unmöglich ist, einen der Schlüssel aus dem anderen abzuleiten. Ein asymmetrisches Kryptosystem kann entweder ein Chiffriersytem oder ein Signatursystem, oder beides (z.B. RSA) sein.

Public-key Kryptosystem — *public key cryptosystem*

(*syn.:* Kryptosystem mit öffentlichem Schlüssel)
Ein Public-key Kryptosystem ist ein asymmetrisches Kryptosystem, bei dem ein Schlüssel öffentlich bekannt gemacht werden kann, während der andere geheimgehalten werden muß. Ein Public-Key Kryptosystem kann entweder ein Chiffriersytem oder ein Signatursystem, oder beides (z.B. RSA) sein.

Signatursystem — *signature scheme*

(*syn.:* Signaturverfahren)
Ein Signatursystem ist ein Public-key Kryptosystem. Der geheime (private) Schlüssel wird Signatur-Schlüssel, der öffentliche wird Verifizierungs-Schlüssel genannt, mit dem jeder beliebige Dritte die Signatur auf ihre Echtheit überprüfen kann.

Ein Signatursystem besteht aus drei Algorithmen, einem für die Erzeugung des Schlüsselpaares, einem für die Erzeugung der Signatur und einem für die Echtheitsprüfung (Verifizierung) der Signatur.

Sicherheitspolitik — *security policy*

Eine Sicherheitspolitik beschreibt grundlegende sicherheitsbezogene Ziele einer Organisation sowie Regeln und Randbedingungen, mit denen den als bedeutsam angesehenen allgemeinen Bedrohungen ihrer Systeme entgegengewirkt wird.

Vertrauenswürdiger Dritter *Trusted Third Party*

Eine Instanz, der hinsichtlich ihrer (übertragenen / zu übertragenden) sicherheitsrelevanten Tätigkeit (Aufgabe / Handlung) bedingungslos vertraut wird (bedingungslos bezüglich der ausgeübten Funktion).

Als Authentifikations-Instanz (authentication server) z.B. vertraut sowohl der Anforderer (claimant) als auch der die Richtigkeit der Authentifizierung überprüfende Nutzer (verifier) der vertrauenswürdigen Instanz.

Weitere Beispiele für vertrauenswürdige Dritte:

Zertifizierungs-Instanz, Schlüsselgenerierungs- und -verteilungs-Instanz, Zeit-/Datumsgeber, Signatur-Instanz (Erzeugung und Verifizierung), Übermittlungs-Instanz (mediator), Aufbewahrer gerichtsverwendbarer Beweismittel.

Zertifikat *certificate*

Die Bestätigung (Beglaubigung) bestimmter Zusammenhänge bzw. Zusammengehörigkeiten (z.B. zum Teilnehmer A gehört der Signatur-Schlüssel X) oder Eigenschaften

a)   von Personen (z.B. Teilnehmer B hat die Prokura der Firma Y) oder

b)   von IT-Systemen (z.B. Konformität mit vorgegebenen Sicherheits-/Qualitätskriterien)

durch eine Zertifizierungs-Instanz.

Wird das Zertifikat zur Bestätigung der Zugehörigkeit eines Schlüssels zu seinem Inhaber verwendet, wird es als Schlüssel-Zertifikat *(key certificate)* bezeichnet. Wird es zur Bestätigung von Befähigungen von Personen verwendet, wird es als Autorisierungs-Zertifikat *(capability certificate)* bezeichnet.

Zertifizierungsinstanz *certification authority*

Eine vertrauenswürdige Instanz, die Zertifikate ausstellt. Zertifikate können mit Hilfe digitaler Signaturen unter Verwendung des geheimen Signatur-Schlüssels der Zertifizierungs-Instanz erzeugt und mit Hilfe des öffentlichen Signatur-Schlüssels jederzeit von jedem verifiziert, d.h. auf ihre Echtheit überprüft werden.

S. Erber-Faller

2 Die "elektronische Unterschrift" im Rechtsverkehr

1 Standortbestimmung

Das Vordringen der modernen Telekommunikationsmedien in allen Bereichen des Rechts- und Wirtschaftslebens hat das Bewußtsein für typische Risiken elektronischer Willenserklärungen geschärft und in zunehmendem Maße das Bedürfnis entstehen lassen, elektronisch übersandte Erklärungen verläßlicher zu machen. Unsicherheit über die Identität des Absenders sowie die Frage nach der Manipulierbarkeit aufgezeichneter Inhalte erscheinen als neue, weil durch neue Techniken veranlaßte Problemstellungen. Sie lassen sich letztlich aber auf das uralte Interesse der Beteiligten im Rechtsverkehr zurückführen, Gewißheit über die Person des Geschäftspartners zu haben und ihn an einer bestimmten Verlautbarung festhalten zu können. Im herkömmlichen Rechts- und Geschäftsverkehr - unabhängig davon, ob als Medium für Willenserklärungen Papier, Ton oder Stein benutzt wurde - haben sich als Identifikations- und Authentifikationsmechanismus im Laufe der Jahrhunderte die Schrifturkunde und die handschriftliche Unterschrift als kombinierter Tatbestand herausgebildet, der als geeignet angesehen wird, über die Person des Unterzeichnenden und über die Integrität der Inhalte Aufschluß zu geben.

Geändert hat sich im elektronischen Rechtsverkehr also nicht die Interessenlage, sondern lediglich das Medium, mit dem wirtschaftliche und rechtliche Interessen verfolgt werden. Dessen spezifischen Gefährdungen gilt es entgegenzuwirken: Grundsätzlich beliebige und spurenlose Manipulierbarkeit; unbegrenzt häufige Duplizierbarkeit; immaterielle Transportmöglichkeit, die herkömmlichen Papierdokumenten gesetzte Grenzen von Zeit und Raum sprengen. Daß die klassischen Mechanismen dabei als Vorbild dienen, wird aus dem Bemühen der Technik unmittelbar deutlich, für die Urkunde mit handschriftlicher Unterschrift im elektronischen Rechtsverkehr einen möglichst funktionsäquivalenten Ersatz zu finden.

Die sog. digitalen Signaturverfahren stellen eine Herausforderung der Technik an die Rechtswissenschaft dar, die entsprechenden rechtlichen Konsequenzen zu ziehen. Im Hinblick darauf sind zunächst die Funktionen von handschriftlicher Unterschrift und Schriftform im traditionellen Rechtsverkehr zu untersuchen (2). Anschließend wird darauf einzugehen sein, ob eine "elektronische Form" diesen Anforderungen gewachsen sein kann (3). Der Beitrag erläutert sodann den von der Bundesnotarkammer unterbreiteten Regelungsvorschlag, der auszugsweise und ohne Begründung wiedergegeben ist (4).[3]

2 Die Schriftform als Maßstab im traditionellen Rechtsverkehr

Dem Juristen ist die Schriftform in zwei Ausprägungen geläufig:

2.1 Als *gesetzliche Schriftform* wird sie in § 126 BGB[4] definiert. Sie besteht aus einer "Urkunde" und beinhaltet die eigenhändige Namensunterschrift des Ausstellers oder sein notariell beglaubigtes Handzeichen unter dem Urkundstext.

---

3 Der ungekürzte Textvorschlag mit Begründung kann bei der Bundesnotarkammer, Burgmauer 53, 50667 Köln, angefordert werden.
4 Zur Definition der Schriftform und ihrer Bestandteile vgl. Palandt/Heinrichs, 52. Aufl. § 125 Rn 1 und § 126 Rn 5 ff; Staudinger/Dilcher 12. Aufl. § 125 Rn 3, § 126 Rn 12; MüKo/Förschler §§ 125 Rn 3-5, 126 Rn 17 ff.

Darauf greift der Gesetzgeber jedesmal zurück, wenn er Rechtsgeschäfte für so wichtig oder folgenreich hält, daß sie der grundsätzlich freien, aber oft zufälligen und möglicherweise unzutreffenden Formwahl der Beteiligten nicht überlassen bleiben sollen. Dem gesetzlichen Schriftformerfordernis unterliegen beispielsweise die Kündigung eines Mietverhältnisses über Wohnraum, die Bürgschaftserklärung und das abstrakte Schuldversprechen. Die Schriftform stellt eine Art Mindestschwelle dar, die auch durch höherwertige Formen (notarielle Beglaubigung und notarielle Beurkundung) gewahrt werden kann.

2.2 § 127 BBG[5] regelt die *gewillkürte Schriftform*, die hinsichtlich der Namensunterschrift oder des Handzeichens Formerleichterungen vorsieht und den Beteiligten generell eine erweiterte Dispositionsfreiheit zugesteht. Wegen des daraus möglicherweise resultierenden erhöhten Sicherungsbedürfnisses besteht bei Wahl geringerer Anforderungen der Anspruch jedes Beteiligten auf nachträgliches Verlangen einer "dem § 126 entsprechenden Beurkundung".

Die gewillkürte Schriftform hat ihr Einsatzgebiet, wie ihr Name sagt, in den Bereichen, in denen das Gesetz den Beteiligten Formfreiheit läßt, sie also grundsätzlich schon durch mündliche, elektronische oder sonstige nicht formwahrende Erklärungsweisen wirksame rechtliche Verpflichtungen begründen könnten.

2.3 Bei näherer Betrachtung von gesetzlicher und gewillkürter Schriftform ergibt sich, daß die gesetzliche Schriftform in den Bereichen vorgeschrieben ist, in denen der Gesetzgeber eine übergeordnete Wertentscheidung zugunsten der Einhaltung der sogenannten Formzwecke[6] von Unterschrift und Schriftform getroffen hat (dazu s. u.), während bei der gewillkürten Schriftform die Beteiligten über dieses Bedürfnis selbst bestimmen. Im Bereich der Schriftform ist eine elek-

---

5 vgl. Rn 2, je zu § 127

6 Bettendorf, EDV-Dokumente und Rechtssicherheit, 29 ff, 48 in: XX. Internationaler Kongreß des lateinischen Notariats, Berichte der deutschen Delegation, Köln 1992

tronische Ersetzung ausgeschlossen, denn die Vornahme formgebundener Rechtsgeschäfte durch elektronische Medien würde unweigerlich zur Nichtigkeit führen. Ein Blick in die Praxis zeigt, daß in der ganz überwiegenden Mehrzahl der schriftlichen Rechtsgeschäfte die gewillkürte Schriftform verwendet wird, wobei für die Beteiligten dabei wohl das Bedürfnis im Vordergrund steht, Vorgänge zu dokumentieren und anhand schriftlicher Belege Rechenschaft geben bzw. Beweis führen zu können. Genau dieser Bereich wird gegenwärtig mehr und mehr elektronisiert, und zwar sowohl im gewerblichen als auch im privaten Bereich. Faxbestellungen, e-mail-Kommunikation, EDI-Austauschverhältnisse und ähnliche Methoden zur Vertragsanbahnung und -durchführung zeigen anschaulich, in welchem Grad elektronische Medien das Papier im klassischen Rechts- und Geschäftsverkehr bereits verdrängt haben.

2.4   Die Rechtslehre unterscheidet folgende *Funktionen der Schriftform*[7] :

- Das Merkmal der Unterschrift bzw. des notariell beglaubigten Handzeichens hat primär *Identifikationsfunktion*. Gemeint ist damit der möglichst eindeutige Aufschluß über die Person des Unterzeichners.

- Unterschrift und Handzeichen haben ferner *Abschlußfunktion*, sollen den Text also räumlich beenden und damit bekunden, daß er den Willen des Unterzeichners inhaltlich richtig und vollständig wiedergibt.

- Die *Warnfunktion* der Unterschrift bedarf eigentlich keiner Erläuterung, denn die Wahrscheinlichkeit rechtlicher Konsequenzen der Unterschriftsleistung ist als juristisches Allgemeinwissen jedem im täglichen Geschäftsverkehr vertraut.

- Die *Beweisfunktion* der Schriftform ist der Hauptgrund, warum sie so häufig freiwillig gewählt wird. Sie hat ihre Entsprechung im Prozeßrecht, das auch einfachen Privaturkunden den Weg zum Urkundsprozeß und -beweis öffnet, zwei

---

7 vgl. Rn 2 und 4; Erber-Faller, Perspektiven des elektronischen Rechtsverkehrs, MittBayNot 1995, Heft 3

prozeßrechtlichen Instituten, die im kontinentaleuropäischen Rechtskreis historisch verwurzelt sind und zur schnelleren, für die Beteiligten berechenbaren Rechtsfindung beitragen.

- Die *Kontrollfunktion* der Schriftform ist lediglich in wenigen Bereichen, etwa bei den kartellrechtlichen Verträgen, von Bedeutung.

- Eine wichtige Rolle spricht schließlich die *Transportfunktion* bei bestimmten Wertpapieren wie Wechsel und Scheck, bei denen das verbriefte Recht durch Übereignung des Papiers übertragen wird.

2.5   Es liegt angesichts dieser Vielfalt auf der Hand, daß der Gesetzgeber nicht stets alle diese Zwecke zugleich und mit derselben Intensität verfolgt, wenn er die Schriftform anordnet. Auch die Beteiligten können für die freiwillige Wahl durchaus unterschiedliche Motive haben. Der Vorzug der herkömmlichen Kombination "Text auf Papierurkunde plus Unterschrift" besteht jedoch gerade darin, mit einem stets gleichen, preisgünstig verfügbaren und einfach zu handhabenden Verfahren verschiedenen Formzwecken genügen zu können.

3 Wozu eine "elektronische Form" und was muß sie leisten?

3.1   In vielen Bereichen gilt Form an sich als überholt - also weg damit!? Die bisherigen Erfahrungen mit elektronischen Erklärungen[8] im Rechtsverkehr sprechen eher für das Gegenteil. Nicht einmal scheinbar schriftliche, elektronische Äußerungen wie Telefaxerklärungen sind geeignet, Vertrauen im Rechtsverkehr zu schaffen, wie zahlreiche Gerichtsurteile gezeigt haben. So hat beispielsweise in jüngerer Zeit der Bundesgerichtshof entschieden, daß eine per Telefax zugegange-

---

8 Fritsche/Malzer, DNotZ 1995, 3 ff.
Mellulis, MDR 1994, 109 f.; Wolfsteiner in Bundesnotarkammer (Hrsg.),
Elektronischer Rechtsverkehr - Digitale Signaturverfahren und Rahmenbedingungen, 25 ff., Köln 1995; Herda a.a.O., 37 ff; GMD (Hrsg.), Bestandsaufnahme über die elektronischen Signaturverfahren, St. Augustin 1992

ne Bürgschaftserklärung formunwirksam ist[9]. Das Gericht stützte sich auf den eindeutigen Gesetzeswortlaut. Die Eigenhändigkeit der Unterschrift ist danach nicht durch eine Faxkopie ersetzbar. Es hat ferner entschieden, daß ein Telefaxsendebericht nicht geeignet ist, den Nachweis des Zugangs einer Erklärung zu erbringen, selbst wenn darauf alle erforderlichen Daten vermerkt sind.[10] Das Gericht folgte hier den Aussagen der Fachleute, die nicht mit hinreichender Gewißheit Fehler (und Manipulationen) ausschließen mochten, die dazu führen können, daß der Sendebericht des Empfang unrichtige Angaben enthält. Auf elektronischen Datenträgern gespeicherte Erklärungen unterwirft die Rechtsprechung in der Regel dem Augenscheinsbeweis bei freier Beweiswürdigung durch den zuständigen Richter.

Das Bedürfnis nach Sicherheit durch Form hat daher erwartungsgemäß im elektronischen Rechtsverkehr neue Bedeutung gewonnen: Die Bitte um Rücksendung eines empfangenen Faxes mit Empfangsbestätigung, die Ausarbeitung von EDI-Musterverträgen und die Vereinbarung, digitale Signaturverfahren einzusetzen, sind Beispiele dafür, daß es vorteilhaft sein kann, sich im Interesse der Klarheit und Rechtssicherheit den ordnenden, regelnden und beweisenden Funktionen einer Form zu unterwerfen.

3.2 Digitale Signaturverfahren werden mit dem Anspruch angeboten, die Identität des Signierenden aufzuzeigen, Manipulationen zuverlässig erkennbar zu machen und daher im Verhältnis zur herkömmlichen Unterschrift "funktionsäquivalent" zu sein. Geht man von der Prämisse aus, daß beim Übergang vom Medium Papier auf elektronische Kommunikationsweisen die oben geschilderten Grundbedürfnisse unverändert geblieben sind, stellt sich die Frage, worin diese Funktionsäquivalenz besteht. Sie kann sich nicht danach beurteilen, ob der äußere Tatbestand der handschriftlichen Unterschrift entspricht. Dies tut er definitiv nicht. Als funktionsäquivalent angestrebt wird vielmehr die Erfüllung der o.g. Funktionen

---

9 BGH, Urt. v. 28.01.1993 - IX ZR 259/91 = DNotZ 1994, 440 = CR 1994, 29
10 BGH, Urt. v. 7.12.1994 - VIII ZR 153/93 = CR 1995, 143 mit Anm. Wiebe

der Schriftform, was bei einem andersartigen Medium durchaus mit spezifischen Mitteln geschehen kann, vorausgesetzt sie dienen dem angestrebten Zweck im Ergebnis in letztlich gleichwertiger Weise.

- Bereits bei der *Identifikationsfunktion* ergeben sich Fragen, denn die digitale Signatur ist nicht das individuelle Resultat eines personengebundenen Vorgangs wie die handschriftliche Unterschrift, sondern wird durch einen mathematischen Rechenvorgang vermittelt, dessen Ergebnis sie ist. Personalisierte Chipkarten, PIN-Code und ähnliche Vorkehrungen sollen die digitale Signatur zwar prinzipiell an eine bestimmte Person binden, müssen dies aber nicht zwangsläufig. Bei der befugten oder unbefugten Offenbarung persönlicher Zugangsmechanismen und der Weitergabe von Chipkarten können Dritte echte digitale Signaturen erzeugen, ohne daß dies auf mathematisch-naturwissenschaftlichem Wege aufgedeckt werden könnte. Im Gegensatz zur handschriftlichen Unterschrift, die die Individualisierung des Ausstellers in sich trägt, läßt der Rechenvorgang zur Erzeugung der digitalen Signatur für sich genommen keine Rückschlüsse auf den Signierenden zu. Vielmehr muß zu ihm das sogenannte Zertifikat eines vertrauenswürdigen, unabhängigen Dritten hinzutreten, mit dem bestätigt wird, daß die zur Signatur verwendeten Schlüssel einer bestimmten Person zugehören. Die Erteilung von Zertifikaten bedingt also die Bereitstellung einer "Sicherungsinfrastruktur" um derartige Aussagen im Rechtsverkehr zu ermöglichen. Nur wenn die Sicherungsinfrastruktur zuverlässig funktioniert und ausschließlich in berechtigter Weise von den Mechanismen zur Erzeugung digitaler Signatur Gebrauch gemacht wird, kann die Identifikationsfunktion erfüllt werden.

- Gut schneidet die digitale Signatur bei der Erfüllung der *Abschlußfunktion* ab, denn bereits begrifflich umfaßt die digitale Signatur den Text als Ganzes, aus dem sie gebildet ist.

- Die Erfüllung der *Warnfunktion* wiederum wirft beim Vergleich größere Schwierigkeiten auf, denn hier tritt ein Unterschied zur handschriftlichen Unterschrift besonders deutlich zutage: Die handschriftliche Unterschrift hat sich als sozialer Tatbestand über Jahrhunderte hinweg entwickelt, ist als solcher erprobt, akzeptiert und im Bewußtsein der Bevölkerung verankert. Die digitalen Signaturverfahren sind technisch relativ neue Sachverhalte, können und müssen dem Durchschnittsbürger im Rechtsverkehr u. U. im Hinblick auf ihre mögliche Bedeutung als Unterschriftsersatz erst einsichtig gemacht werden; der Vorgang als solcher entzieht sich jedoch dem Verstehen und Nachvollziehen. Versuche mit solchen Verfahren[11] und auch der oft wenig sicherheitsbewußte Umgang mit Magnetstreifenkarten im Bankverkehr lassen vermuten, daß ein entsprechendes soziales Bewußtsein für die Rechtserheblichkeit solcher neuen Tatbestände in der Bevölkerung noch keineswegs verbreitet ist. Vielmehr reicht die Bandbreite an Reaktionen von Ablehnung der als unpersönlich empfundenen Technik bis zum unreflektierten Spieltrieb. Um einer Erfüllung der Warnfunktion wenigstens nahe zu kommen, wären daher im Rahmen der jeweiligen konkreten Applikation der digitalen Signatur bis auf weiteres zusätzliche Maßnahmen erforderlich, z. B. ausdrückliche Warnhinweise ("Vorsicht! Sie signieren jetzt und erzeugen dieselben Rechtswirkungen wie im Fall einer handschriftlichen Unterschrift; das bedeutet, daß Sie an ihre Erklärung gebunden sind").

- Noch differenzierter muß die *Beweisfunktion*[12] betrachtet werden. Sehr gut schneidet die digitale Signatur bei der Frage der Textintegrität ab, wenn "gute" Verfahren zum Einsatz kommen. Obwohl allgemein bekannt ist, daß mit modernen Fotokopier- und Plotverfahren Papierurkunden heute leichter manipuliert werden können als früher und dadurch neue Fragen im Hinblick auf die Zuverlässigkeit von Papierurkunden entstanden sind, ist jedoch keineswegs sicher, daß digital signierte Dokumente in der Gesamtwertung besser abschneiden. Dabei soll hier vorausgesetzt werden, daß die mathema-

---

11 provet/GMD, Die Simulationsstudie Rechtspflege, Berlin 1994; Roßnagel, CR 1994, 498
12 Pordesch, DuD 1993, 561 ff.; Bergmann/Streitz, CR 1994, 77; Rihaczek DuD 1994, 127

tische Güte der Verfahren im konkreten Fall außer Frage steht. Aber selbst dann können digitale Signaturen Anlaß zu Fragen aufwerfen, die aus der Signatur selbst nicht beantwortet werden können:

- Die Person des Signierenden kann technisch nie positiv nachgewiesen werden.

- Ohne eine absolut vertrauenswürdige Zertifizierung und ggf. weitere begleitende Dienstleistungen ist die Verknüpfung zwischen Person und Schlüssel im Ernstfall wenig aussagekräftig.

- Die Signatur kann in einer Umgebung erzeugt worden sein, die nicht vertrauenswürdig war, was z. B. bedeuten kann, daß der Signierende nicht den Text signiert hat, den er auf dem Bildschirm gesehen hat.

- Die "Verfalldauer" digitaler Signaturen kann dazu geführt haben, daß eine ehemals sichere Signatur mathematisch "geknackt" worden ist und die Datei nach Veränderung des Textes erneut signiert wurde. Ohne eine zuverlässige Zeitbestimmung oder beweiskräftige Neusigniermechanismen ermöglicht die Signatur auch hierüber keinerlei Aufschlüsse.

Diese nicht abschließende Reihe von Bespielen könnte bei Bedarf fortgesetzt werden.

3.3 Bereits dieser sehr kurze Überblick über Ansatzpunkte eines Vergleichs zwischen handschriftlicher Unterschrift und digitaler Signatur zeigt, daß es sich nicht um zwei Sachverhalte handelt, die einfach als Äquivalent behandelt werden können. Zwar stellt die digitale Signatur eine spezifische Sicherungsmöglichkeit des elektronischen Rechtsverkehrs dar, die dazu beitragen kann, bestimmte Risiken zu vermindern, ebenso wie die handschriftliche Unterschrift dies im schriftlichen Rechtsverkehr tut. Die Einführung einer elektronischen Form erfordert vielmehr letztlich eine Entscheidung, die nicht nur nach einem einfachen Funktionsvergleich, sondern auch als Ergebnis einer Abwägung getroffen werden muß.

Vieles spricht daher dafür, dem Rechtsverkehr eine solche Form zur Verfügung zu stellen, die als einen wichtigen Bestandteil die digitale Signatur enthält, darüber hinaus aber weitere Anforderungen vorsieht, die sich an den spezifischen Wesensmerkmalen und Risiken der digitalen Signatur orientieren müssen. Dazu ist erforderlich, daß sich bereichsübergreifend die Überzeugung bildet, daß eine solche Regelung zur Sicherung der Rechts- und Beweissicherheit erforderlich ist.

4 Vorschlag der Bundesnotarkammer eines Gesetzes über den Elektronischen Rechtsverkehr

Die Bundesnotarkammer hat die Auswirkungen ungesicherten elektronischen Rechtsverkehrs auf Verträge frühzeitig als Problem erkannt und sich in ihrer Projektgruppe "Elektronischer Rechtsverkehr" mit der Aufarbeitung der Fragestellung und mit Abhilfemöglichkeiten befaßt. Als Ergebnis entstand der nachstehend auszugsweise abgedruckte Vorschlag, in dem die empfohlenen Änderungen der einschlägigen Vorschriften fett hervorgehoben sind.

Der Gesetzentwurf orientiert sich an folgenden Maßgaben:

4.1 Der Begriff "digitale Signatur" wird in dem Gesetzentwurf vertreten durch den Ausdruck "elektronische Unterschrift". Dabei wird nicht verkannt, daß im technischen Bereich der Begriff der digitalen Signatur für die entsprechenden Verfahren vorherrscht. Der Begriff ist indes juristisch nicht festgelegt. Der Bundesgesetzgeber spricht in den hierzu bisher von ihm erlassenen Vorschriften[13] von der "elektronischen Unterschrift" als der eingängigeren, für Nichttechniker verständlicheren, wenn auch unpräzisieren Formulierung. Die Legaldefinition läßt jedoch zweifelsfrei erkennen, welche Art von Verfahren gemeint ist. Der Gesetzentwurf der Bundesnotarkammer greift den bereits existierenden Rechtsbegriff auf, beharrt jedoch darauf nicht. Man kann die endgültige Be-

---

[13] § 75 der Grundbuchverfügung und § 62 der Schiffsregisterverordnung.

zeichnung getrost dem Gesetzgebungsverfahren überlassen, solange keine Zweifel über das Gemeinte aufkommen.

4.2   Im Zentrum des Entwurfs steht die "elektronische Form" (§ 126 a). Sie beinhaltet als zentrales Merkmal die "elektronische Unterschrift", die "in einem als sicher anerkannten Verfahren erklärungsabhängig und unterzeichnerabhängig hergestellt werden" muß. Der Vorschlag geht damit über die Regelungsdichte von § 126 zur handschriftlichen Unterschrift hinaus, bei der der Gesetzgeber auf eine Definition des Begriffs "Unterschrift" verzichtet hat und die Entscheidung von etwaigen Streitfällen der Rechtsprechung überlassen hat. Da die elektronischen Verfahren im Rechtsleben jedoch bei weitem noch nicht so klar definiert sind wie die handschriftliche Unterschrift, erscheint eine gesetzliche Umschreibung, die erkennen läßt, welche Arten von Verfahren grundsätzlich in Betracht kommen können, als unabdingbar. Zur Ausfüllung der Einzelheiten ist nach § 126 a Abs. 2 eine Rechtsverordnung vorgesehen.

In Entsprechung zum Merkmal der "Urkunde" führt der Vorschlag ferner das Erfordernis ein, Erklärung und Unterschrift dauerhaft und lesbar wiedergeben zu können. Hier wird der Rechtsverkehr ähnlich wie bei der "Urkunde", zu der sich ein vielgestaltiges Begriffsbild entwickelt hat, angemessene Maßstäbe finden.

4.3   Kernpunkt jeder "elektronischen Unterschrift" ist das Zertifikat, dessen Werthaltigkeit wesentlich davon abhängt, daß die Erklärung, einen bestimmten Schlüssel im Rechtsverkehr verwenden zu wollen, zuverlässig auf eine bestimmte Person zurückgeführt werden kann, um diese Person rechtlich daran festzuhalten. Es ist daher zweckmäßig, diese "Grundlagenerklärung" beweissicher zu dokumentieren und dem Beteiligten ihre rechtlichen Folgen zu verdeutlichen. Diesem Zweck dient im herkömmlichen Rechtsverkehr die notarielle Beurkundung, die im Beurkundungsgesetz geregelt ist. § 126a sieht daher vor, daß die Zuordnung des Unterschriftsschlüssels zu einer Person in notarieller Urkunde festgehalten wird, womit zum einen die Identität des die Erklä-

rung Abgebenden zweifelsfrei festgehalten ist sowie ein ge-
wisser Übereilungsschutz gewährleistet ist, und zum anderen
die "Stelle" benannt ist, bei der der Unterschriftsschlüssel
überprüft werden kann.

4.4   Die Verordnungsermächtigung gem. § 126a Abs. 2 ermöglicht die Aktualisierbarkeit der technischen Einzelheiten.
So wird vermieden, daß bei fortlaufender technischer Veral-
tung stets das BGB betroffen ist. Es wird insbesondere erforderlich sein, die einzelnen Verfahren in die Verordnung auf-
zunehmen. Die Frage der Sicherungsinfrastruktur wird in Abs.
2 nur angesprochen. Hierfür wird ein eigenes Bundesgesetz
erforderlich sein, bei dem der Gesetzgeber eine Grundent-
scheidung treffen muß, welche Anforderungen er u. a. an die
Person des vertrauenswürdigen Dritten, an sein Personal, an
seine Aufgabenwahrnehmung sowie an Vorkehrungen gegen
Konkurs- und Betriebsaufgabefälle knüpfen möchte. Mit
Rücksicht darauf, daß die Existenz einer funktionierenden Sicherungsinfrastruktur Voraussetzung der Formwahrung ist,
sind hier hohe Anforderungen geboten. Sie müssen angemes-
senen Kontrollen unterworfen werden und ggf. sogar teilweise in den staatlichen Bereich eingegliedert werden.

4.5   Ein weiteres zentrales Anliegen der Einführung einer
elektronischen Form soll im Prozeßrecht verwirklicht werden.
Die Verfasser des Entwurfs sind von der Überlegung ausgegangen, daß eine elektronische Form für die Beteiligten dauerhaft nur sinnvoll ist, wenn sie in Streitfällen möglichst
schnelle Rechtsfindung bei hoher Rechtssicherheit gewährleistet. Elektronische Dokumente können sowohl aus Sicht der
Beteiligten als auch aus Sicht der Gerichte beides nicht gewährleisten. Die Regeln des Urkundsbeweises sind auf sie
nicht anwendbar. In der Regel unterliegen sie dem Augenscheinsbeweis bei freier Beweiswürdigung des Richters, der
sich hierzu oft eines Sachverständigen bedienen muß. Die
Begutachtung ist regelmäßig mit hohem Kosten- und Zeit-
aufwand verbunden und führt durch die Möglichkeit der frei-
en Beweiswürdigung zu schwer vorhersehbaren Ergebnissen.
Der Richter wird letztlich mit der Entscheidung über einen für
ihn kaum zu durchschauenden technischen Sachverhalt allein

gelassen. Gesetzliche Vorschriften über eine "elektronische Privaturkunde" könnten korrespondierend zu § 126 a auf bestimmte, als sicher anerkannte Verfahren verweisen und so ermöglichen, einen spezifischen Beweiswert von digital signierten Dokumenten festzulegen. Der Urkundsbeweis spielt in unserer Rechtskultur eine zentrale und sehr erfolgreiche Rolle. Durch die Öffnung auch des Urkundsprozesses für den Beweis durch elektronische Privaturkunde wäre eine Möglichkeit der Gewährung schnellen und effektiven Rechtschutzes eröffnet.

4.6 Und nun zum Gesetzestext und den Textvorschlägen:

§ 126 (geltendes Recht):

(1) Ist durch Gesetz schriftliche Form vorgeschrieben, so muß die Urkunde von dem Aussteller eigenhändig durch Namensunterschrift oder mittels notariell beglaubten Handzeichens unterzeichnet werden.

...

§ 126 a BGB

(1) Ist durch Gesetz die elektronische Form vorgeschrieben, so muß der Aussteller der Erklärung dem Text seinen Namen hinzusetzen und beides elektronisch unterzeichnen (elektronische Unterschrift). Die elektronische Unterschrift muß in einem als sicher anerkannten Verfahren erklärungsabhängig und unterzeichnerabhängig hergestellt werden. Erklärung und Unterschrift müssen dauerhaft und lesbar wiedergegeben werden können. Die elektronische Unterschrift muß auf eine notarielle Urkunde verweisen, in der der Aussteller die Zuordnung des verwendeten Unterschriftsschlüssels zu seiner Person erklärt hat, die Erklärung wiedergeben und die Stelle nennen, bei der der Unterschriftsschlüssel überprüft werden kann.

(2) Die Anerkennung von Verfahren nach Abs. 1 Satz 2 erfolgt durch das Bundesministerium des Innern. Die Bundesregierung wird ermächtigt, durch Rechtsverordnung mit Zustimmung des Bundesrates die Anforderungen an diese Verfahren zu regeln. Die Zulassung von Stellen, die für die Aus-

gabe, Verwaltung und Überprüfung von Unterschriftsschlüsseln zuständig sind, erfolgt durch das Bundesministerium ... Das Nähere regelt ein Bundesgesetz.

Alternative:

(2) Die Bundesregierung wird ermächtigt, mit Zustimmung des Bundesrates durch Rechtsverordnung die Anforderungen an die als sicher anerkannten Verfahren nach Abs. 1 Satz 2 und an die Stellen zu regeln, die für die Ausgabe, Verwaltung und Überprüfung von Unterschriftsschlüsseln zuständig sind.

(3) Bei einem Vertrag gilt § 126 II entsprechend.

(4) Die elektronische Form wird durch die schriftliche Form sowie die notarielle Beurkundung ersetzt.

§ 127 BGB

(1) Die Vorschriften des § 126 gelten im Zweifel auch für die durch Rechtsgeschäft bestimmte schriftliche Form. Zur Wahrung der Form genügt jedoch, soweit nicht ein anderer Wille anzunehmen ist, telegraphische Übermittelung und bei einem Vertrage Briefwechsel; wird eine solche Form gewählt, so kann nachträglich eine dem § 126 entsprechende Beurkundung verlangt werden.

§ 127 Satz 1 BGB wird wie folgt neu gefaßt:

§ 127 bisherige Fassung wird Absatz 1;

folgender Absatz 2 wird angefügt:

(2) Die Vorschriften des § 126 a gelten im Zweifel auch für die durch Rechtsgeschäft bestimmte elektronische Form. Absatz 1 Satz 2 gilt entsprechend.

§ 416 ZPO

Privaturkunden begründen, sofern sie von den Ausstellern unterschrieben oder mittels notariell beglaubigten Handzeichens unterzeichnet sind, vollen Beweis dafür, daß die in ihnen enthaltenen Erklärungen von den Ausstellern abgegeben sind.

An § 416 ZPO wird folgender Satz 2 angefügt:

Dasselbe gilt, wenn die elektronische Form (§ 126a) gewahrt ist.

Alternative:

Dasselbe gilt für elektronische Dokumente, sofern sie die elektronische Form des § 126a BGB wahren (elektronische Privaturkunden).

§ 420 ZPO

§ 420 ZPO wird wie folgt geändert:

Der bisherige Text wird Absatz 1. Es wird folgender Absatz 2 angefügt:

(2) Bei einer elektronischen Privaturkunde erfordert die Vorlegung, daß der Inhalt der Urkunde einschließlich der elektronischen Unterschrift lesbar und überprüfbar wiedergegeben wird.

§ 439 ZPO

An § 439 Abs. 2 wird folgender Satz 2 angefügt:

Bei einer elektronischen Privaturkunde ist die Erklärung auf die Echtheit der elektronischen Unterschrift zu richten.

§ 440 ZPO

An § 440 Abs. 2 ZPO wird folgender Satz 2 angefügt:

Steht die Echtheit der elektronischen Unterschrift fest, gilt Satz 1 entsprechend.

§ 443 ZPO

An § 443 wird folgender Satz 2 angefügt:

Bei elektronischen Privaturkunden muß die Verwahrung Lesbarkeit und Überprüfbarkeit sicherstellen.

§ 593 ZPO

An § 593 Abs. 2 ZPO wird folgender Absatz 3 angefügt:

(3) Für elektronische Privaturkunden gilt Absatz 2 entsprechend. Sie müssen einschließlich der elektronischen Unterschrift lesbar und überprüfbar wiedergegeben können.

5 Zusammenfassung und Ausblick

Ungesicherte elektronische Dokumente sind nicht manipulationsgeschützt und lassen ihren Urheber nicht erkennen. Es besteht daher ein Bedürfnis nach mehr Sicherheit im elektronischen Rechtsverkehr, dem durch digitale Signaturverfahren entsprochen werden kann. Abhilfe durch freiwillige Einführung solcher Verfahren ist für die Beteiligten jedoch nicht lohnend, solange die von ihnen erzeugten Dokumente weder Formwirksamkeit erlangen können noch im Prozeß zu einer vorteilhafteren Situation führen. Mit der elektronischen Form und der elektronischen Privaturkunde könnte beiden Bedürfnissen Rechnung getragen werden.

Politische Initiativen, die vorstehenden Überlegungen aufzugreifen, sind also nachhaltig zu begrüßen. In der jetzt erforderlichen öffentlichen Diskussion wird sich erweisen, ob der mit dem Entwurf der Bundesnotarkammer gesetzte Anfang einen weiterführenden Weg weist.

Literaturverzeichnis

[1]   Bergmann/Streitz, Beweisführung durch EDV-gestützte Dokukmentation, in: Computer und Recht, 1994, 77

[2]   Bettendorf, EDV-Dokumente und Rechtssicherheit, in: XX. Internationaler Kongreß des lateinischen Notariats, Berichte der deutschen Delegation, Köln, 1992

[3]   Erber-Faller, Perspektiven des elektronischen Rechtsverkehrs, in: Mitteilungen des Bayerischen Notarvereins, der Notarkasse und der Landesnotarkammer Bayern, 1995, Heft 3

[4]   Fritsche/Malzer, Ausgewählte zivilrechtliche Probleme elektronisch signierter Willenserklärungen, in: Deutsche Notar-Zeitschrift, 1995, 3

[5]   GMD (Hrsg.), Bestandsaufnahme über die elektronischen Signaturverfahren, St. Augustin 1992

[6]   Herda, Elektronische Dokumente - Einführung in die technische Problematik, in: Bundesnotarkammer (Hrsg.), Elektronischer Rechtsverkehr - Digitale Signaturverfahren und Rahmenbedingungen, Köln 1995

[7]   Mellulis, Zum Regelungsbedarf bei der elektronischen Willenserklärung, in: Monatsschrift für Deutsches Recht, 1994, 109

[8]   Münchner Kommentar zum Bürgerlichen Gesetzbuch, München 1978

[9]   Palandt, Bürgerliches Gesetzbuch, München, 52. Aufl., 1993

[10] Pordesch, Risiken elektronischer Signaturverfahren, in: Datenschutz und Datensicherung, 1993, 561

[11] provet/GMD, Die Simulationsstudie Rechtspflege, Berlin 1994

[12] Rihaczek, Der elektronische Beweis - die Lücke bei der Umsetzung von Technik zum Rechtsgebrauch. in: Datenschutz und Datensicherung, 1994, 127

[13] Roßnagel, Telekooperative Rechtspflege, in: Computer und Recht, 1994, 498

[14] Staudinger, Kommentar zum Bürgerlichen Gesetzbuch, Berlin, 12. Aufl., 1980

[15] Wolfsteiner, Elektronischer Rechtsverkehr: Einführung in die rechtliche Problematik, in: Bundesnotarkammer (Hrsg.), Elektronischer Rechtsverkehr - Digitale Signaturverfahren und Rahmenbedingungen, Köln 1995

K. Rihaczek

3 Schriftform - Elektronische Form

Abstrakt: Die Schriftform/Unterschrift legt dem Gericht eine Beweisvermutung nahe und bewirkt in der Regel eine Verschiebung der Beweislast. Die "elektronische Form" ist derzeit unsicher und als Schriftformersatz zumeist unzulässig. Ein rechtlich eingeführtes "elektronisches Unterschriftssurrogat" könnte diesem Mangel abhelfen. Technisch läßt es sich weitgehend funktionsäquivalent zur eigenhändigen Unterschrift realisieren. Zur rechtlichen Einführung sind auf technischer Seite noch einige Anforderungen zu erfüllen und sollte auf juristischer Seite eine legislative Aktion eingeleitet werden. Technische und juristische Vorstellungen müssen dabei ineinander einrasten. Dieses ergibt derzeit die eigentliche Schwierigkeit bei der Problembewältigung.

1 Beweismittel

Die elektronische Kommunikation soll nicht nur sicher sondern auch - zivilrechtlich - so beweisgeeignet sein wie die herkömmliche Schriftform. Erst wenn sie diesbezüglich nicht zurückstehen muß, kann sie ihren vollen Nutzen entfalten. Anderenfalls müßten viele Vorgänge im Geschäftsverkehr per Papier erledigt werden, obwohl elektronische Informationssysteme diesbezüglich viel effektiver und auch sicherer sein können.

Im Zivilprozeß ist über streitige Tatsachen, auf die es für die gerichtliche Entscheidung ankommt, Beweis zu erheben.

Beweismittel sind

- der richterliche Augenschein
- der Zeuge
- der Sachverständige
- die Urkunde
- die Parteivernehmung
- die amtliche Auskunft

Ob eine streitige Tatsache für wahr oder falsch anzusehen ist, entscheidet das Gericht in der Regel in der Beweiswürdigung. Sieht das Gericht eine beweiserhebliche Tatsache nicht als bewiesen an, so fällt die Entscheidung zum Nachteile desjenigen aus, der die Beweislast hat. Diese hat nach der allgemeinen Regel des Zivilprozesses derjenige, der einen Anspruch oder eine Einwendung geltend macht, also derjenige, der aus einer Norm einen rechtlichen Vorteil für sich ableitet. Das Gericht kann grundsätzlich vorgelegte Beweise nach eigenem Ermessen werten. Rechtsprechung und Gesetzgebung haben aber Regeln entwickelt. Diese Regeln engen einerseits die Entscheidungsfreiheit des Richters de facto ein, geben aber andererseits den Rechtssubjekten insofern mehr Rechtssicherheit, als diese eine richterliche Entscheidung besser voraussehen können - wie es ja für den Geschäftsverkehr in einer offenen Gesellschaft unverzichtbar ist.

Zu diesen Regeln gehört der Anscheinsbeweis (prima-facie-Beweis). Er "liegt vor, wenn ein Sachverhalt nach der Lebenserfahrung auf einen bestimmten (typischen) Verlauf hinweist" [4]. Wenn es z.B. zu einem Auffahrunfall gekommen ist, dann wird es dem Fahrer des vorderen Kraftfahrzeugs leicht fallen, den Richter davon zu überzeugen, daß der Fahrer des hinteren Wagens den Unfall verursacht hat. Der Richter wird dies in der Regel als Anscheinsbeweis akzeptieren. In diesem Falle ist seine freie Beweiswürdigung lediglich durch einen in der Rechtsprechung praktizierten Grundsatz allgemeiner Lebenserfahrung beeinflußt, der insofern eine

Bindung des Richters bedingt. Eine noch stärkere Bindung ergibt sich dann, wenn eine gesetzliche Beweisregel vorliegt, z.B. hinsichtlich der Würdigung einer Urkunde.

Kann eine Partei als Beweismittel eine Urkunde vorlegen, muß sie beweisen, daß die Namensunterschrift der Urkunde echt ist, wenn der Beweisgegner die Echtheit bestreitet. Dann gilt auch die gesetzliche Vermutung, daß der Text über der Namensunterschrift ebenfalls echt ist. Ob der Inhalt der Urkunde richtig ist, unterliegt nicht der gesetzlichen Beweisregel sondern der freien Beweiswürdigung des Gerichts. Will der Gegner diese Beweisführung angreifen, dann hat er die volle Beweislast.

Beim Anscheinsbeweis hängt die Entscheidung von den Lebenserfahrungen des Richters, Präzedenzfällen in der Rechtsprechung, vorherrschenden Meinungen in der juristischen Literatur etc ab. Wenn sich freilich in diesen Bereichen eine bestimmte Auffassung durchgesetzt hat - um beim obigen Beispiel zu bleiben - daß bei einem Auffahrunfall der Fahrer des hinteren Karftfahrzeugs Schuld hat, dann kann ein Anscheinsbeweis praktisch die gleiche Wirkung wie ein erbrachtes gesetzliches Beweismittel haben. An logischer Beweiskraft wird vom Anscheinsbeweis keineswegs weniger erwartet als das, was diesbezüglich gesetzliche Beweismittel bieten; verglichen mit diesen kann er dennoch leichter erschüttert werden. Die freie Beweiswürdigung bleibt für den Beweislasttragenden grundsätzlich riskanter als ein Beweisverfahren mit gesetzlichen Beweismitteln.

2 Urkunde / Schriftform / Unterschrift

Wenn hier von einem Ersatz für die Schriftform die Rede ist, dann zielt dies auf das gesetzliche Beweismittel der Urkunde. Die übrigen o.a. Beweismittel bleiben davon unberührt. Die Urkunde ist eine in Schriftzeichen verkörperte Gedankenäußerung [4]. Die Schriftform ist also erheblich. Die niedergelegte Gedankenäußerung braucht dabei weder handschriftlich zu sein, noch muß sie vom Aussteller der Urkunde persönlich verfaßt sein. Sie muß allerdings von ihm "geistig herrühren"[14] . Dieser Bezug wird verdeutlicht, wenn sie vom Aussteller per Namensunterschrift (oder ersatzweise notariell beglaubigtem Handzeichen) eigenhändig unterschrieben ist. Eine solche Namensunterschrift ist in bestimmten im Zivilprozeßrecht geregelten Fällen formal erforderlich. Sie legt dann dem Gericht die Beweisvermutung nahe, daß die in der Urkunde niedergelegte Gedankenäußerung von ihrem in der Unterschrift bezeichneten Aussteller stammt.

Eine eigenhändig unterschriebene, als echt erkannte Urkunde gilt so lange als Beweis, wie es dem Prozeßgegner nicht gelingt, ihre Ungültigkeit zu beweisen. Wenn also z.B. A und B einen schriftlichen Vertrag miteinander abgeschlossen haben, A auf Erfüllung des Vertrags besteht, B aber die Erfüllung verweigert, kann A dem Gericht die von B unterschriebene Vertragsurkunde vorlegen. Damit hat A zunächst seiner Beweispflicht genügt. Es liegt nun an B, zu beweisen, daß der Vertrag ungültig ist. Das Gericht kann nicht umhin, so zu verfahren. Trüge der Vertrag nicht die Unterschrift von B, dann fiele die Beweisfindung unter die freie Beweiswürdigung des Gerichts. Es kann vom Beweislasttragenden andere Beweismittel fordern, etwa ein Sachverständigengutachten, um dann auf Grund der neuen Beweislage eine Entscheidung zu treffen. Das ist umständlicher, beeinträchtigt die Rechtssicherheit der Parteien und ist insofern gegenüber einem Urkundsbeweis von Nachteil.

Die eigenhändige Unterschrift spielt also beim Urkundsbeweis eine wichtige Rolle. Will man einen Ersatz für die den Formerfordernissen genügende Schriftform finden, gelangt man ein entscheidendes Stück weiter, wenn man einen elektronischen Ersatz für die eigenhändige Unterschrift findet.

3   "Elektronische Form"

Rechtserhebliche Information wird zunehmend mehr elektronisch kommuniziert. Das ist ökonomischer als Papierkom-

---

14 Nach der weitgehend anerkannten „Geistigkeitstheorie" (im Gegensatz zur älteren „Körperlichkeitstheorie"); siehe u.a. [15]

munikation; es kann auch ökologischer sein, indem Papier ersetzt wird und damit weniger Holzeinschlag, Energieverbrauch und Müll verursacht werden. In der Vergangenheit hat sich aber eher das Gegenteil eingestellt; mit der Datenverarbeitung stieg der Papierverbrauch stark an; denn die heutige Informationstechnik leistet nicht alles, was das Papier bietet. Das liegt an folgenden Mängeln der Elektronik:

Elektronische Vorgänge und Daten

(3.1)   sind schwerer zugänglich als Gedrucktes,

(3.2)   sind leichter manipulierbar,

(3.3)   können deshalb derzeit nicht ohne besondere Sicherungsmaßnahmen und Zuziehung vertrauenswürdiger Dritter (Zeugen) vom Richter als authentisch beurteilt werden,

(3.4)   sind nur mittels - vergleichweise laienintransparenter - technischer Vorrichtungen in ihrer Bedeutung erkennbar,

(3.5)   sind im Zivilgerichtsprozeß nicht wie die handschriftlich unterzeichnete Urkunde als strenges Beweismittel zugelassen.

Jedes der von (3.1) bis (3.5) aufgelisteten fünf Probleme muß gelöst werden, wenn für die Urkunde ein elektronisches Äquivalent gefunden werden soll. Es genügt einerseits nicht, daß die Rechtsordnung der technischen Entwicklung entgegenkommt, indem sie z.B. (manipulierbare) Telefaxe als Beweismittel (3.5) zuläßt. Sie kann nicht auf die Dauer die Manipulierbarkeit (3.2) und die daraus resultierende Nicht-Bezeugbarkeit (3.3) ignorieren. Es genügt andererseits auch nicht, daß das technische System unmanipulierbar ist, wenn dem Signierenden z.B. nicht ausreichend deutlich wird (3.4), daß er durch die Bedienung eines Geräts seine Rechtsposition ändert. Aber selbst wenn ihm und dem Richter alles manipulationssicher und transparent (3.4) erscheint, nützt dies wenig, wenn die Rechtsbestimmung (3.5) Schriftform verlangt und eine elektronische Form nicht kennt.

Ein umstrittenes Problem liegt im Punkt (3.5): Der für die Anwendung im rechtlich relevanten Verkehr bestimmende Faktor ist das niedergelegte und praktizierte Recht, und nicht wie sonst bei wirtschaftlichen Entscheidungen die unmittelbare technische Eignung des Kommunikationssystems. Mittelbar ist die technische Eignung durchaus maßgeblich. Sie kann auf unterschiedliche Weise zur Geltung gebracht werden. Einerseits kann sie in eine gesetzliche Beweisregel eingehen. Ihr Wert kann sich andererseits in freier Beweiswürdigung durchsetzen. Letztere Methode ermöglicht eine flexible Anpassung des Rechts an die schnelle technische Entwicklung. Im Gegensatz zu den Rechtssystemen der meisten anderen Staaten kennt jedoch das deutsche Recht die gesetzlichen Beweisregeln des Urkundsbeweises. Das bedingt, daß in Deutschland eine Urkunde in Schriftform ihrem Inhaber mehr Rechtssicherheit bietet als etwa eine fiktive Urkunde in elektronischer Form. Das könnte die Akzeptanz einer solchen elektronischen Form insbesondere unter den Vertragsschließenden belasten.[15]

Festzuhalten ist: Sowohl auf technischer wie auch rechtlicher Seite gibt es Defizite. Die Technik der "elektronischen Form" weist Lücken auf. Dem Rechtssystem sind die technischen Möglichkeiten noch vorwiegend unbekannt.

4   Verständigungsschwierigkeiten

Die Lösung dieser Probleme kann nur von Juristen und Technikern gemeinsam erarbeitet werden. Damit das erarbeitete Produkt das Geforderte leistet, müssen die Vorstellungen der Techniker mit denen der Juristen exakt einrasten. Dazu ist erforderlich, daß man eine von beiden Seiten in gleicher Weise verstandene Sprache findet. Das mag als trivial erscheinen, wenn man eine gemeinsame Umgangssprache

---

15 Dieses Problem kennt man z.B. in der Schweiz nicht, weil es dort keine gesetzlichen Beweisregeln für die Urkunde (in Schriftform) gibt.

spricht; aber die gleichen umgangssprachlichen Bezeichnungen können bei Technikern und Juristen unterschiedlich verstanden werden.

Zum Beispiel ist für den Techniker (nach CCITT X..501 "The Directory - Models") der Name ein Konstrukt, das ein Objekt von allen anderen Objekten unterscheidet. Der Name muß das Objekt eindeutig bezeichnen; das Objekt kann hingegen mehrere Namen haben. "Objekt" ist allgemein zu verstehen. Ein Sonderfall des Objekts ist eine Instanz; eine Instanz kann eine Person aber auch ein Gerät oder ein Prozeß sein. Der Name kann durch eine Buchstaben-, eine Ziffern- oder eine gemischte Folge dargestellt sein etc.

Das Namensrecht betrachtet den Namen ebenfalls einerseits als ein Unterscheidungsmittel. Er soll aber andererseits auch verbinden; z.B. als äußeres Zeichen der Lebensgemeinschaft Familie. Seine Anwendung beschränkt sich laut Namensrecht auf Personen (auch juristische Personen und Personengesellschaften). Der Name genießt einen besonderen Rechtsschutz gegen Mißbrauch und Änderungen. Das Recht auf den Namen ist wie etwa auch das Recht auf Eigentum ein absolutes Recht etc.

Diese Vorstellungen sind zwar durchaus kompatibel, aber sie lenken die Aufmerksamkeit jeweils auf unterschiedliche Lebensbereiche und bilden so lange eine Quelle von Mißverständnissen zwischen den beiden Fakultäten, wie man sich nicht auf eine gemeinsam verstandene Terminologie geeinigt hat. Die Verbreitung dieser Einsicht ist noch zu gering. Z.B. dringen bei einschlägigen Arbeitssitzungen Vertreter der Europäischen Kommission darauf, den vom CCITT geprägten Begriff "Distinguished Name" in Texten zu vermeiden, die auch von Juristen gelesen werden sollen. Diese assoziieren den Begriff mit dem Namensrecht, einem der Rechtsbereiche, die in der Zuständigkeit der EU-Mitglieder verblieben sind und deshalb die Kommission nichts angehen. Das führe zu Mißverständnissen und Behinderungen der Arbeit.

Juristen und Techniker setzen ihre Prioritäten unterschiedlich. Zum Beispiel ist den Technikern die Sicherheit von Integrität und Nicht-Rückweisbarkeit einer "Signatur" besonders wichtig. Sie meinen, wenn dies erreicht ist, stünde dieser "Signatur" zum Gebrauch als "elektronische Unterschrift" nichts mehr im Wege. Juristen hingegen ist die technische Sicherheit zwar willkommen aber nicht das Wichtigste, ist doch die eigenhändige Unterschrift viel unsicherer und dennoch für den Rechtsgebrauch ausreichend geeignet. Man sorgt sich eher um die Transparenz des elektronischen Signaturvorgangs und um den Schutz des Unterschreibenden vor Übereilung.

Letztlich spielt es eine Rolle, daß sich die Techniker in der Beurteilung der technischen Probleme zwar verhältnismäßig einig sind, daß aber unter Juristen Konsens viel schlechter zu erreichen ist, insbesondere auf internationaler Ebene, d.h. zwischen unterschiedlichen Rechtssystemen.

Weil diese Verständigung schwierig ist, halten sie manche Leute für überflüssig. Techniker sagen sich gerne, daß sich die Welt des Rechts bislang immer dem technischen Fortschritt angepaßt habe; sie sehen deshalb nicht ein, warum sie sich Gedanken um die rechtliche Aufarbeitung der Technik machen sollen. Juristen relativieren einerseits gerne den technischen Fortschritt.[16] Andererseits legen sie die Fiktion ein, daß das zur Beurteilung Erforderliche von der fortgeschrittenen Technik geleistet wird, daß z.B. mit technischen Mitteln zwischen Originalen, Kopien, Fälschungen, Verfälschungen etc unterschieden werden kann. Sie weisen einerseits auf die Anpassungstendenz des Rechts gegenüber der technischen Entwicklung hin: bislang sei man trotz Computerisierung auch ohne eine "elektronische Form" ausgekommen; warum wolle man sich so vieler Mühe unterziehen, wenn doch die Rechtsordnung - der Technik entgegenkommend - zunehmend häufiger auf das Formerfordernis der ei-

---

16 Zum Beispiel liest man in [15, Seite 286]: "Wo immer Beweismittel erzeugt und verwendet werden, werden auch Beweismittel gefälscht. Die Technik des Fälschens paßt sich lediglich der Technik der Kommunikationsformen an." Dabei wird z.B. vernachlässigt, daß das Fälschen von Beweismitteln von sehr unterschiedlichem Schwierigkeitsgrad sein kann.

genhändigen Unterschrift verzichte. Andererseits bedauern Juristen diese Anpassungstendenz und fordern (verständlicherweise) ein Primat des Rechts, das von der technischen Entwicklung zu beachten sei.

5 Verständigungsmöglichkeiten

Man kommt in solchen Fällen zumeist schneller zum Ziel, wenn man zunächst auf allgemeine Lösungen verzichtet und sich ein Einzelproblem vornimmt. Wichtig ist, daß man es gemeinsam löst. Einige solcher Probleme brennen bereits auf den Nägeln, z.B. die Zustellung von Mahnbescheidanträgen an die Gerichte. Hier laufen bereits Feldprojekte mit dem Ziel, bei der Datenübertragung die Antragsstellerintegrität sichern zu können.

Zur Hauptsache sind es aber bislang weniger bekannte Probleme, die dringlich zu werden versprechen, z.B. diejenigen, die sich aus dem neuen Registerverfahrenbeschleunigungsgesetz ergeben. Anläßlich eines von der Bundesnotarkammer und von TeleTrusT im November 1993 veranstalteten Forums [3] vertieften sich je ein Notar und ein Techniker in solche gemeinsame Probleme; z.B. in die Elektronifizierung des Grundbuchs. Das Grundbuch genießt öffentlichen Glauben; es gilt, was darin steht, auch wenn es manipuliert sein sollte. Durch Manipulation kann man also um sein Grundeigentum gebracht werden. Das gemischte Team stellte fest, daß der seinerzeit praktizierte Verkehr mit dem Grundbuch unsicher war. Es zeigte auf, wie ein Grundbucheintrag per Fälschung des Telefax-Verkehrs manipuliert werden kann. Einer solchen Umsetzung des Registerverfahrenbeschleunigungsgesetzes steht also ein technisches Defizit entgegen.

Diese Einsichten konnten nur gemeinsam erreicht werden. Dem Techniker hätten die Kenntnisse des Umgangs mit dem Grundbuch und dessen Bedeutung für den Rechtsgebrauch gefehlt; dem Notar die Kenntnisse über die Manipulationsmöglichkeiten. Erst bei wechselseitigen Einsichten stellt sich Verständnis für die andere Seite ein. Man kann solche erwarteten Probleme sehr beschwerlich erst im praktischen Vollzug untersuchen und lösen; man kann sie aber von Juristen und Technikern vorher gemeinsam durchsimulieren lassen. Diese Methode verfolgt z.B. die gemischt zusammengesetzte provet-Gruppe, Projektgruppe für verfassungsverträgliche Technikgestaltung [9], [10], [2], [7], [8], [11]. Sie hat mit der GMD Gesellschaft für Mathematik und Datenverarbeitung u.a. den Gebrauch von Signatur-Chipkarten im Verkehr zwischen Anwälten und Gerichten simuliert und dabei Mängel aufgedeckt, an die bis dahin niemand gedacht hatte.

6 Die technische Seite des Problems

Auf technischer Seite sind noch nicht alle Probleme gelöst. Sie sind ja zum Teil noch nicht bekannt. Allerdings bietet die Technik einige Mechanismen und Dienste; mit ihnen läßt sich ein System komponieren, das ein elektronisches Unterschriftssurrogat leisten könnte.

Was von juristischer Seite gewünscht werden könnte, läßt sich in groben Zügen der Rechtslehre entnehmen. Diese schreibt der eigenhändigen Unterschrift folgende wesentlichen Funktionen zu [1], [2], [12]:

- Abschlußfunktion (Willensbekundung abgeschlossen)
- Identitätsfunktion (Identität des Ausstellers feststellbar)
- Echtheitsfunktion (keine Fälschung)
- Beweisfunktion (vom Gericht als Beweis akzeptiert)
- Warnfunktion (vor Änderung der Rechtssituation)

In erster Näherung muß man also von einem elektronischen Unterschriftssurrogat erwarten, daß es ebenfalls diese Funktionen bietet.

6.1 **Das technische Angebot**

Über die herkömmlichen Mechanismen und Dienste eines Informationssystems hinaus liegt folgendes technische Potential vor:

- asymmetrische Kryptoalgorithmen

- Chipkartenmechanismen

- Identifikationsmechanismen

- Trust Center

Zu den asymmetrischen Kryptoalgorithmen: Mit ihnen und einem geheimen Schlüssel kann ein Teilnehmer einen Text so in einen Schlüsseltext transformieren, daß ohne Störung der Transformation nichts an Klartext und Signatur unbemerkt verändert, weggenommen oder hinzugefügt werden kann; damit ist die Abschlußfunktion gewährleistet. Niemand (der nicht über den geheimen Schlüssel verfügt) kann die Transformation manipulieren; das unterstützt die Identitäts- und die Echtheitsfunktion. Jeder kann mit Hilfe des öffentlichen Schlüssels beweisen, daß die Transformation mit dessen geheimem Komplement durchgeführt worden ist. Das macht die Korrektheit der Transformation bezeugbar und unterstützt damit die Beweisfunktion. Die Gewährleistung der Warnfunktion bleibt aber noch offen.

Zu den Chipkartenmechanismen: Die von der Rechtslehre gewünschten Funktionen sind nur gewährleistet, wenn der geheime Schlüssel geheim bleibt. Das bedeutet, daß sowohl der Schlüssel als auch das Verschlüsselungsprogramm, in dem er auftritt, unausforschbar und unmanipulierbar gespeichert und betrieben werden müssen. Dieses leistet eine Chipkarte mit Kryptoprozessor.

Zu den Identifikationsmechanismen: Der geheime Schlüssel darf nur seinem Eigentümer verfügbar sein; d.h. die Chipkarte darf nur von diesem eingesetzt werden können. Dazu muß sie in der Lage sein, ihn von allen anderen Personen zu unterscheiden. Er muß sich seiner Chipkarte unnachahmbar identifizieren; sie muß ihn authentifizieren. Dazu dienen z.B.

eine nur ihm und der Chipkarte bekannte PIN (persönliche Identifikationsnummer) und ein PIN-Identifikationsmechanismus in der Chipkarte.

Zu den Trust Centern: Es genügt nicht, daß man dem Aussteller einer Willenserklärung beweisen kann, daß er sie so abgegeben hat. Man muß es auch einem Dritten, etwa dem Gericht, gegenüber beweisen können. Dazu braucht man Zeugen oder Sachverständige. Das Kommunikationssystem muß also dazu vertrauenswürdige Dritte, sogenannte Trust Center, vorsehen. CCITT X.509 "The Directory - Authentication Framework" hat dazu die Grundfunktionen einer Certification Authority genormt. Die Certification Authority soll die Teilnehmer miteinander authentisch bekannt und deren abgegebenen Willenserklärungen authentisch erkennbar zu machen.

6.2 Das technische Defizit

Es müssen noch weitere Bedingungen erfüllt sein, wenn diese Vorgänge rechtlich beweisbar ablaufen sollen. Zum Beispiel: Der Unterschrift schreibt man unverwechselbare biometrische Merkmale zu, anhand derer sie einer Person zugeordnet werden kann. Die PIN-Methode schließt aber nicht aus, daß jemand anderer über Chipkarte und PIN verfügen und damit den Chipkarteneigentümer unerkennbar impersonieren kann. In zivilrechtlichen Belangen mag der Eigentümer der Chipkarte die Gefahr für deren Mißbrauch tragen und deshalb ausreichend motiviert sein, sie nicht in andere Hände gelangen zu lassen; anderenfalls mag er zurecht den Schaden zu tragen haben. Das dürfte aber z.B. für einen strafrechtlichen Beweis nicht ausreichen. So mag auch bereichsweise für die elektronische Form eine biometrische Erkennung des Ausstellers gefordert sein.

Während es möglich erscheint, daß die PIN unmittelbar in die Chipkarte eingegeben wird, dürfte eine biometrische Erkennung noch lange Zeit ein ortsgebundenes Gerät erfordern, dem man vertrauen muß, das also nicht substituiert und manipuliert werden kann. Das gleiche gilt für für andere Eingabe- und Anzeigegeräte. Es ist also eine ausreichende Sicherheit der Endgeräte und deren Überwachung zu fordern.

Während die eigenhändige Unterschrift erst im Laufe vieler Jahrhunderte ihre Rechtsbedeutung erlangt hat, muß ihr elektronisches Äquivalent unmittelbar seinem Einsatz zugeführt werden. Die Kryptologen haben Zweifel an der Beständigkeit der Sicherheit derzeit angewandter Kryptoverfahren. Es muß also berücksichtigt werden, daß nicht nur Schlüssel gewechselt sondern auch höherstellige Schlüssel eingeführt werden müssen, und daß eventuell auf neue Verfahren umgestellt werden muß. Das erfordert bereits bei der Einführung organisatorische und technische Maßnahmen, die eine gefahrlose und ökonomisch durchführbare Umstellung ermöglichen.

Die Schriftform hält für alle praktischen Rechtsfälle ausreichend lange vor. Auch von der elektronischen Form muß das verlangt werden. Das Papier setzt dafür den Maßstab. Die Informationstechnik - einschließlich der Verschlüsselungstechnik - altert aber so rasch, daß Systeme, mit denen Datenträger beschrieben wurden, nach wenigen Jahren zum Lesen nicht mehr verfügbar sind. Zudem verlieren die Datenträger mit der Zeit ihre Information. Man muß also eine Perpetuierungstechnik entwickeln, mit der man Gespeichertes lesbar und unmanipulierbar halten kann.

Nun zur Warnfunktion: An der eigenhändigen Unterschrift erscheint wichtig, daß sie einerseits den Aussteller nicht überfordert und daß ihm andererseits die Bedeutung des Rechtsakts bewußt wird. Das muß auch vom elektronischen Unterschriftssurrogat erwartet werden, denn es sollte der eigenhändigen Unterschrift möglichst funktionsäquivalent sein [1]. Die Warnfunktion verlangt, daß das Unterschreiben Konzentration erfordert, daß also eine ergonomische Hemmschwelle eingelegt wird, ohne daß aber der Vorgang dabei an Transparenz und Handhabbarkeit verliert.

Transparenz und Handhabbarkeit legen nahe, daß das elektronische so wie das eigenhändige Unterschreiben in den unterschiedlichen Anwendungsfällen gleichartig erfolgt. Es sollte nicht etwa in einem Falle durch PIN-Eingabe, im anderen durch Einführen der Karte, in einem dritten durch Drükken einer Bestätigungstaste etc ausgelöst werden. Dazu sollte die Apparatur, mit der ein Unterschriftssurrogat geleistet wird, deutlich herausgehoben und unabhängig vom Anwendungsfall als solche erkennbar sein.

Man muß ferner den zu unterschreibenden Text vor sich sehen und muß eine dokumentierbare, nicht-flüchtige Ausfertigung des Unterschriebenen erhalten. Von der "elektronischen Form" sind deshalb Visualisierbarkeit und Dokumentierbarkeit zu fordern. Unter Umständen sollte - ähnlich wie bei Papier - Unterschriebenes eine Zeit lang zur eventuellen Korrektur zurückgehalten werden, um insoweit einen Übereilungsschutz zu gewähren.

Hemmschwelle, Laientransparenz, Handhabbarkeit, Visualisierbarkeit, Dokumentierbarkeit und Übereilungsschutz sind Forderungen an die ergonomische Gestaltung der Benutzeroberfläche. Man sollte sich dabei möglichst an die eigenhändige Unterschrift halten, um sich damit auf deren Rechtsgebrauch abstützen zu können. Die Gestaltung muß (in Deutschland) rechts- und nicht technikinduziert sein; technisches Optimieren darf nicht auf Kosten der Rechtsanwendbarkeit gehen. Dabei ist zu beachten, daß der Unterschreibende im Regelfall informationstechnischer Laie ist.

7 Die rechtliche Seite des Problems

Techniker sind gewohnt, sich am Markt zu orientieren. Der Markt kann ihnen aber im vorliegenden Falle seinen Bedarf so lange nicht angeben, wie die Pfleger der Rechtsordnung noch nicht ihre Bedingungen gestellt haben. Wenn aber zur elektronischen Form die juristischen Randbedingungen nicht stimmen, kann ihre technische Entwicklung verkehrt laufen.

Ein Beispiel: Es vereinfacht das technische Szenario, wenn Namengebung und Zertifikation dem Dienstleister überlassen werden, der ja die Teilnehmer erkennen und autorisieren will. Dies führt dazu, daß er Namengebung und Zertifikation mit seinen Kunden vertraglich regelt. Die vom Vertragswerk

Umfaßten bilden eine geschlossene Benutzergruppe, die unter sich verbindlich kommunizieren kann. Die Verbindlichkeit[17] stützt sich dabei auf die Schriftform des Benutzervertrags. Eine verbindliche elektronische Kommunikation mit Teilnehmern, die keiner oder einer anderen Benutzergruppe angehören, ist nicht möglich. Das mag zwar sogar beabsichtigt sein, aber eine Adaption des geschlossenen Systems an offene Verhältnisse ist damit praktisch undurchführbar.

Bislang wird von juristischer Seite der fernmeldetechnische Charakter der Certification Authority nicht beachtet. Sie ist aber für fernmeldetechnische Zwecke eingeführt worden und ist vordergründig für Teilnehmerauthentikation bestimmt, um z.B. auszuschließen, daß Teilnehmer impersoniert werden können. Sie dient also insofern der technischen Sicherheit und wird deshalb in einer Verordnung nach § 10a FAG zu berücksichtigen sein.[18] Daß sich mit der Einrichtung von Certification Authorities auch Verbindlichkeit und Rechtssicherheit unterstützen ließen, erschien dem CCITT-Normungskomitee als ein sekundärer Vorteil. Wenn sich also z.B. Fragen über Zweck und Organisation einer Zertifikationshierarchie stellen, dann gibt es bereits auf diese fernmeldetechnische Antworten, die etwa optimale technische Sicherheit zum Ziel haben. Es ist also zweifelhaft, ob es die Bezeichnung "Zertifikation" rechtfertigt, darin eine Notariatsaufgabe zu sehen. Es wäre besser, wie es die CCITT-Norm vorsieht, zwischen "Certification" und "Naming" zu unterscheiden; das eine dem technischen und das andere dem rechtlichen Bedarf anzupassen. Für ein Maßnehmen am Amt des Notars spricht allerdings in der Tat in beiden Fällen einiges; siehe dazu [5].

---

17 Allerdings erkennt die Rechtsprechung einen vertraglich gewillkürten Beweis nicht an. Sie behält sich vor, Beweisqualitäten selbst zu beurteilen.

18 In den USA zeigt sich eine andere Weise, das Problem anzugehen. Nach amerikanischem Rechtsverständnis [14] kann man offensichtlich vom Potential der Technik ausgehen und ein Gesetz aufstellen, das eine technische Anwendung normiert und schließlich festlegt, daß ein (solchermaßen) "digitally signed document" als "written" gilt (ohne daß irgendwo "written" legaldefiniert wäre).

7.1 Verrechtlichungsmethoden

Von juristischer Seite wird in Deutschland das Problem der elektronischen Form so angepackt, daß man sie gelegentlich ersatzweise für die Schriftform zuläßt. Manche älteren Gesetze, z.B. im Handelsrecht, verzichten auf die eigenhändige Unterschrift, weil es Automatisierung und unkritische Sicherheitsumstände so nahelegen. Es stört sich z.B. niemand mehr daran, daß (die automatisch erstellten) Steuerbescheide nicht unterschrieben werden. Mit dem Aufkommen einer besseren Sicherungstechnik verlangt der Gesetzgeber mehr. Zum Beispiel gestattet § 390 Abs.3 ZPO (Neuregelung des zivilrechtlichen Mahnverfahrens) eine maschinell lesbare Form des Mahnbescheidsantrags, verlangt aber, daß "diese (Form) dem Gericht für seine maschinelle Bearbeitung geeignet erscheint; der handschriftlichen Unterzeichnung bedarf es nicht, wenn in anderer Weise gewährleistet ist, daß der Antrag nicht ohne Willen des Antragstellers übermittelt wird."

In der Begründung dieser Vorschrift wird vorausgesetzt, daß eine solche Antragstellung ausreichend gegen Mißbrauch gesichert ist. § 390 Abs.3 ZPO schreibt nicht vor, wie im einzelnen die andere Weise zu realisieren ist. Damit wird vermieden, einen technischen Entwicklungsstand festzuschreiben. Es liegt dann an der Rechtsprechung, fallweise Kriterien für die andere Weise zu erarbeiten. Jedoch kann die Rechtsprechung damit überfordert sein. Dann bietet sich dem Gesetzgeber an, die Bundesregierung zu ermächtigen, den unbestimmten Bereich mit technischen Vorschriften per Verordnung auszufüllen und diese mit dem Stand der Technik fortzuschreiben. Mit der Rechtsprechung allein ist Rechtssicherheit nur allmählich zu erreichen, denn die realisierte "andere Weise" könnte ja anfänglich von Gerichten zurückgewiesen werden. Das könnte der Wirtschaft den Einstieg in die "elektronische Form" verleiden. Für die Einführung dieser Technik ist maßgebend, wie attraktiv sie zum Einführungszeitpunkt ist.[19]

---

19 In einem Pilotprojekt am Zentralen Mahngericht Stuttgart wird mit TeleSec/Telekom ein Verfahren mit digitaler Signatur erprobt [13], das sich an den Vorstellungen des TeleTrusT-Vereins orientiert [6], [12].

<table>
<tr><td>7.2</td><td>

Der Entwurf zu einem Artikelgesetz

Eine Initiative der Bundesnotarkammer zielt darauf ab, einen Entwurf für ein Artikelgesetz dem Gesetzgeber zuzuleiten, mit dem die §§ 120, 126, 127, 130, 167 und 171 BGB (Bürgerliches Gesetzbuch) um Bestimmungen zur "elektronischen Form" ergänzt werden.[20] Entsprechendes ist für die §§ 2 und 11 AGBG (Gesetz über die allgemeinen Geschäftsbedingungen) und die §§ 129a, 416, 440, 420 ff ZPO (Zivilprozeßordnung) vorgesehen. Die Bundesregierung soll u.a. ermächtigt werden, mit Zustimmung des Bundesrats zu bestimmen, " ... welchen Anforderungen die ... zu ergreifenden technischen Vorkehrungen zu genügen haben". Eine interministerielle Arbeitsgruppe (BMI, BMJ, BMF, BMPT) hat im Dezember 1994 den Beschluß gefaßt, den Entwurf zum Artikelgesetz zu erarbeiten.

Ein Entwurfsvorschlag der Bundesnotarkammer zum Artikelgesetz dürfte konsensfähig sein. In ihm soll ja die "elektronische Form" nicht näher spezifiziert werden. Das ist erst in der Verordnung zu erwarten. In sie müssen sowohl juristischer als auch technischer Sachverstand einfließen.

</td></tr>
</table>

8 Schlußbemerkungen

Ob damit sowohl das technische als auch das juristische Defizit vollständig aufgezeigt sind, ist fraglich. Zum Beispiel ist kaum anzunehmen, daß alle einschlägigen Fragen der technischen Sicherheit per Rechtsverordnung geregelt werden können. Die Errichtung von Trustcentern für die (technische) Ausstellung von Certificates nach CCITT X.509, für die Vergabe eindeutiger Namen, für die Perpetuierung gespeicherter Information, für das Vorhalten von Referenz-Information, für die Sicherstellung des Datenschutzes etc, dürften den Gesetzgeber in Anspruch nehmen. Es ist dafür bezeichnend, daß das im US-Bundesstaat Utah vorgelegte Gesetz [14] vordergründig die Einrichtung von Trustcentern, einschließlich der technischen Festlegungen und der sich stellenden Haftungsfragen zum Gegenstand hat. Das nimmt 45 Seiten ein. Erst in

---

20 Dieser Entwurf wurde in seinem jetzigen Stand noch nicht veröffentlicht.

Part 4. "Effect of Digital Signatures" (46-3-402 auf Seite 42) wird bestimmt: "Für alle in diesem Gesetz vorgesehenen Zwecke ist ein digital signiertes Dokument so gültig, wie wenn es auf Papier geschrieben wäre. ... "

Man wird das Verrechtlichungsproblem aus einem weiteren Grunde nicht der Rechtsprechung überlassen können: Kommunikation ist international; die Rechtsprechung ist im Wesen national. Es könnte die Rechtssicherheit des internationalen elektronischen Geschäftsverkehrs beeinträchtigen, wenn sich in den einzelnen Staaten unterschiedliche Bewertungen der "elektronischen Form" einstellten. Aus diesem Grunde sollte zumindest in der Europäischen Union durch eine legislative Aktion für ein einheitliches Verständnis gesorgt werden.

Die aufgezeigten Probleme sind professionell lösbar. Man sollte annehmen, daß es auch die bislang unbekannten sind. Aber ohne das Einrasten der technischen und juristischen Lösungsvorstellungen kann es weder auf der einen noch auf der anderen Seite zu einer guten Entwicklung kommen. Dazu sind guter Wille und der Blick über den professionellen Zaun notwendig.

Literaturhinweise

[1] Johann Bizer, Das Schriftformprinzip im Rahmen rechtsverbindlicher Telekooperation, DuD Datenschutz u. Datensicherung, 4/92

[2] Johann Bizer, Volker Hammer; Elektronisch signierte Dokumente als Beweismittel, DuD Datenschutz und Datensicherung, 11/93

[3] Tagungsunterlagen zum Forum "Elektronischer Rechtsverkehr" vom 18. /19. 11.1993 in Köln, Bundesnotarkammer

[4] Carl Creifelds (Hrsg), Rechtswörterbuch, 6. Auflage, C.H. Beck, München 1981

[5] Sigrun Erber-Faller, Notarielle Funktionen im elektronischen Rechtsverkehr, DuD Datenschutz und Datensicherung, 12/94

[6] Jürgen W. Goebel, Jürgen Scheller, Elektronische Unterschriftsverfahren in der Telekommunikation, Vieweg, Braunschweig 1991

[7] Volker Hammer, Johann Bizer; Beweiswert elektronisch signierter Dokumente, DuD Datenschutz und Datensicherung, 12/93

[8] Christel Kumbruck; Der unsichere Anwender - vom Umgang mit Signaturverfahren, DuD Datenschutz und Datensicherung, 1/94

[9] Ulrich Pordesch, Alexander Roßnagel, Michael J. Schneider; Erprobung sicherheits- und datenschutzrelevanter Informationstechniken mit Simulationsstudien, DuD Datenschutz und Datensicherung, 9/93

[10] Ulrich Pordesch; Risiken elektronischer Signaturverfahren, DuD Datenschutz und Datensicherung, 10/93

[11] Ulrich Pordesch; Elektronische Signaturverfahren rechtsgemäß gestaltet, DuD Datenschutz und Datensicherung, 2/94

[12] Karl Rihaczek, Das elektronische Unterschriftssurrogat - Rechtliche Aspekte und technische Umsetzung, I und II, DuD Datenschutz und Datensicherung, 11/91, 1/92

[13] Ulrich Seidel, Wolfgang Brändle, Das automatisierte Mahnverfahren, Verlag Kommunikationsforum Köln 1989

[14] Utah Digital Signature Legislative Facilitation Committee, Utah Digital Signature Legislation, 1995 General Session of the Utah Legislature, March 22, 1955

[15] Diethart Zielinski, Urkundenfälschung durch Telefax, CUR Computer und Recht, 5/1995

P. Mertes

4 Digitale Signatur - Wertlos ohne Trust Center

1 Einleitung

Techniker, die sich erstmals mit der Thematik „Digitale Signatur" (DS) beschäftigen, diskutieren zumeist über Algorithmen, Schlüssellängen, Hashwerte, Chipkarten et cetera. Juristen nähern sich dem Thema über Fragen der Form- und Beweisvorschriften, des Datenschutzes und der Haftung. Beiden gemeinsam ist dabei die zu Anfang oft nur isolierte Betrachtung einzelner Kommunikationsverbindungen. Erst in weiteren Schritten tastet man sich an die Anforderungen einer Kommunikation in offenen IT-Systemen mit wahlfreiem Zugang heran. Danach dauert es dann nicht mehr lange und man hört von der „unabhängigen dritten Instanz", dem „vertrauenswürdigen Dritten" (engl.: Trusted Third Party (TTP)) oder dem „Trust Center" (TC). Hinter allen Begriffen steckt die gewachsene Erkenntnis, daß die digitale Signatur technisch wie rechtlich weitestgehend unnütz ist, wenn das ihr zugrundeliegende Verfahren nicht vom Anfang bis zum Ende in einen neutralen und den Anforderungen entsprechend sicheren, organisatorischen Rahmen eingebettet ist. Warum das so ist und welche Funktionen einem Trust Center dabei unter welchen Voraussetzungen zukommen können (müssen), soll Gegenstand dieses Beitrags sein. Ausgangspunkt aller folgenden Aussagen ist dabei ein für jeden offenes Public Key System (PKS) mit seinen entsprechend hohen Anforderungen. Daß es daneben andere, weniger komplizierte und nicht so aufwendige Insellösungen gibt, ist bekannt. Deren Wert läßt sich jedoch nur anwendungsbezogen untersuchen und ist gegenüber dem hier zu behandelnden Public Key System in jedem Fall eingeschränkt. Es ist damit eine nicht im Rahmen dieser Erörterung zu leistende Entscheidung des jeweiligen Diensteanbieters, welchen Zweck er mit seinem Angebot verfolgt und auf welche der folgend beschriebenen Qualitätsmerkmale er dementsprechend verzichten kann.

2   Die Technik

Um in einem digitalen Signaturverfahren Sicherheitslücken aufdecken zu können, kommt man, auch als Jurist, nicht umher, sich zumindest einmal grundlegend mit den dabei ablaufenden Prozessen auseinanderzusetzen. Deshalb sei der Vorgang des digitalen Signierens folgend kurz beschrieben. Ausgangspunkt ist dabei ein Public Key Kryptoverfahren, wie z.B. das RSA-Verfahren, benannt nach seinen Erfindern Rivest, Shamir und Adleman.

Die Kommunikationspartner erhalten zunächst ein individuelles elektronisches Schlüsselpaar, bestehend aus einem öffentlichen (public key) und einem dazu komplementären geheimen Schlüssel (secret key). Die öffentlichen Schlüssel sind beiden Partnern bekannt und können, da unkritisch, auch einem unbestimmten Kreis potentieller Kommunikationspartner zugänglich gemacht werden. Die geheimen Schlüssel dagegen verbleiben sicher aufbewahrt beim einzelnen Kommunikationspartner; die persönliche, prozessorgesteuerte Chipkarte oder ein endgerätespezifisches Sicherheitsmodul sind derzeit die hierfür optimalen technischen Speichermedien.

Kommunikationspartner A erstellt nun einen Klartext, der dann einem Komprimiervorgang (Komprimierungsalgorithmus) zugeleitet wird. Dieser hat die Eigenschaft, daß er einen beliebig langen Text zu einem signifikanten Block fester Länge reduziert, den Hashwert. Das fertige Komprimat wird nun mit Hilfe des geheimen Schlüssels von A verschlüsselt (ein Vorgang, der aus Sicherheitsgründen in der persönlichen Chipkarte oder dem entsprechenden Sicherheitsmodul stattfinden sollte). Als Ergebnis steht dann die digitale Signatur zur Verfügung, die an den Originaltext (Klartext) angehangen und mit diesem übermittelt wird.

Beim beliebigen Empfänger B angekommen, wird die Signatur mit dem bekannten öffentlichen Schlüssel des Absenders A entschlüsselt. So erhält B das von A gefertigte Komprimat. Im nächsten Schritt nimmt B nun seinerseits den Originaltext von A und wendet den auch von A genutzten Komprimierungsalgorithmus auf den empfangen Klartext an. Auch B erhält damit als Ergebnis einen signifikanten Block fester Länge. Diesen vergleicht er mit dem vom Kommunikationspartner A erhaltenen Komprimat. Sind beide Komprimate identisch, so ist die digitale Signatur des A echt.

3   Die Vorteile

Wer heute eine herkömmlich digitalisierte Nachricht erhält, kann dieser Übermittlung nur sehr eingeschränkt Vertrauen entgegenbringen. Die drängenden Fragen sind bekannt. Ist der vermeintliche Absender von Dokumenten oder Datenfiles auch tatsächlich der, für den er sich ausgibt? Ist sichergestellt, daß die Daten unversehrt, das heißt vollständig und nicht modifiziert, vom Absender zum Empfänger gelangt sind? Fragen, auf die herkömmliche Verfahren der digitalisierten Nachrichtenübermittlung keine ausreichend vertrauenswürdigen Antworten wissen. Mit den Mitteln der digitalen Signatur lassen sich diese Antworten finden. Indem, wie beschrieben, mit Hilfe moderner Technik die zu übermittelnden Nachrichten quasi elektronisch versiegelt werden, kann der Empfänger bei positiver Verifikation der Signatur verläßlich feststellen, ob die Nachricht zwischen dem Sender und ihm, bewußt oder unbewußt, verändert wurde (Integrität der übermittelten Daten) und ob die Nachricht tatsächlich von dem behaupteten Absender stammt (Authentizität des Datenursprungs).

Diese Vorteile gehen jedoch nahezu vollständig verloren, wenn das Signaturverfahren außerhalb der Struktur eines Trust Centers zum Einsatz gelangt.

4 Keine Informationssicherheit ohne Trust Center

In einem Trust Center wird die zuvor beschriebene technische Sicherheit des digitalen Signaturverfahrens mit einer das Verfahren ständig begleitenden organisatorischen Sicherheit und Zuverlässigkeit, in deren Mittelpunkt das Key Management steht, verschmolzen. Dabei gibt es einige Phasen, deren unsachgemäße Abwicklung den Verlust sämtlicher Vorteile des hier beschriebenen Public Key Systems zur Folge hat. Als besonders kritisch sind vier Phasen zu nennen:

- Schlüsselerzeugung
- Personalisierung
- Zertifizierung
- Pflege der Directories

Der Prozeß der **Schlüsselerzeugung** des im Public Key System notwendigen Schlüsselpaares ist besonders kritisch und bedarf einer entsprechenden Sorgfalt. Der geheime Schlüssel ist dabei, wie der Name erkennen läßt, „das Geheimnis" eines Public Key Systems schlechthin. Ihn gilt es unbedingt vor Ausforschung oder unbeabsichtigtem Duplizieren zu schützen. Den geheimen Schlüssel darf es in dem jeweils verwalteten Public Key System zwingend nur ein einziges Mal geben. Gelingt der unberechtigte Zugriff auf einen geheimen Schlüssel, kann theoretisch jeder mit einem entsprechenden Duplikat scheinbar gültige Signaturen erzeugen und damit das betroffene Public Key System lähmen. Da Fachkreisen die Methoden moderner Datenausforschung durch Abstrahlmessungen an Bildschirmen, Tastaturen, Druckern und Datenleitungen (auch optischen) nicht unbekannt sind, ist davon auszugehen, daß man es im Ernstfall nicht etwa mit unprofessionellen, leicht aufzudeckenden Vorgehensweisen zu tun hat. Ein Trust Center kann dieser Bedrohung durch bauliche Maßnahmen sicher entgegenwirken. Konkret, die Schlüsselpaare dürfen nur in abstrahlsicheren Räumen generiert werden und müssen - um den einmal erlangten Sicherheitsstandard nicht zu gefährden - auch noch in diesen gesicherten Räumen auf ein nicht ausforschbares Speichermedium verbracht werden. Erst danach kann das gewählte Speichermedium mit dem Schlüsselpaar außerhalb der geschützten Räume genutzt werden. Des weiteren muß sichergestellt sein, daß ein sicher generiertes Schlüsselpaar auf Eindeutigkeit hin überprüft wird. Würde schon der Herstellungsprozeß mehrere gleiche Schlüssel im System liefern, müßte man nicht erst auf eine mögliche Ausforschung als Sicherheitslücke verweisen. Das System wäre quasi von Geburt an nicht überlebensfähig.

Im nächsten Schritt, der sogenannten **Personalisierung**, muß einem Schlüsselpaar eine bestimmte, im verwalteten Public Key System nur ein einziges Mal vorkommende, nach gängigen Namensgebungsprinzipien (z.B. CCITT Recommendation X.500) zugewiesene und registrierte Benutzeridentität zugeordnet werden. Gelingt dies nicht und existieren in Folge mehrere, sich in ihrer elektronischen Identität nicht unterscheidende Benutzer, so gilt das zur Schlüsselerzeugung Gesagte entsprechend; das System ist nicht funktionstüchtig. Im Vorfeld der Personalisierung hat sich der Benutzer in geeigneter Weise gegenüber dem Trust Center zu identifizieren. Wie dies zu geschehen hat, ist umstritten. Klar ist jedenfalls, das diese Aufgabe nicht durch die bloße Vorlage eines Personalausweises und dessen laienhafte Kontrolle gelöst werden kann. Würde man so vorgehen, stünde nicht nur geschickten Fälschern, sondern auch Gelegenheitstätern eine Tür des Mißbrauchs weit offen. Man denke dabei nur an Änderungen der Ausweisdaten durch Heirat, Umzug et cetera und die damit einhergehenden Möglichkeiten der Manipulation. Soll ein Public Key System verläßlich arbeiten, so muß zweifelsfrei feststehen, daß es einen bestimmten Benutzer in Übereinstimmung mit den Daten des vorgelegten Personalausweises auch tatsächlich so und nicht anders gibt. Diese Aufgabe können, auch aus Gründen des Datenschutzes, sinnvollerweise nur die Meldebehörden der Länder leisten.

Sind Schlüsselpaar und Benutzeridentität in ihrer Eindeutigkeit miteinander verknüpft, muß diese Verknüpfung dauerhaft und manipulationssicher elektronisch versiegelt werden. Das leistet ein Trust Center indem es das Schlüsselpaar, die Benutzeridentität und deren Verknüpfung mit einem eigenen - geheimen - Trust Center Schlüssel digital signiert. Man spricht dann von einem sogenannten **Zertifikat**. Dadurch, daß das Zertifikat in Folge wie jede andere digital signierte Nachricht mit dem öffentlichen Trust Center Schlüssel auf Integrität und Authentizität hin überprüft werden kann, haben die Teilnehmer stets die Sicherheit, daß niemand die vom Trust Center zuverlässig zugeordneten und zertifizierten Daten unerkannt manipuliert hat. Für die Generierung des Zertifizierungsschlüssels gelten die bekannten Anforderungen an die Schlüsselerzeugung natürlich erst recht.

Schließlich muß eine Liste sämtlicher gültiger und gesperrter Zertifikate vorgehalten werden. Diese Listen, auch **Directories** genannt, bedürfen einer hohen und sorgfältigen Administration und Pflege. Soll das System jederzeit sicher sein und bleiben, bedarf es beispielsweise eines 24-Stunden Sperrdienstes. Das System wäre mangelhaft, wenn verlorengegangene oder der Gefahr des Mißbrauchs ausgesetzte Schlüsselmittel nicht schnellstmöglich gesperrt und von den Teilnehmern als solche erkannt werden könnten.

5 Keine Rechtssicherheit ohne Informationssicherheit

Digital signierten Dokumenten ist bisher eine Anerkennung als Privaturkunde im Sinne des § 416 Zivilprozeßordnung (ZPO) versagt geblieben. Was bleibt ist die Klassifizierung als Augenscheinsobjekt gemäß § 371 ZPO und die Feststellung, daß damit der Beweiswert digital signierter Dokumente gegenüber papiergebundenen Dokumenten geringer ist. Eine Verbesserung des Beweiswerts digital signierter Dokumente ist derzeit nur im Zusammenhang mit den Regeln der Beweislastverteilung, also der Frage, welche Partei welche strittige Behauptung beweisen muß, zu erreichen. Dies kann jedoch nur unter der Voraussetzung ausreichender Informationssicherheit gelingen. Am Beispiel des durch das Internet bekannt gewordenen Public Key Kryptoprogrammes PGP (Pretty Good Privacy) und den aktuell drängenden Fragen der Anwender (s.o. Punkt 3 Die Vorteile) soll dies verdeutlicht werden. Für all jene, denen PGP unbekannt ist sei vorausgeschickt, daß in diesem Public Key System alle Anwender ihre Schlüsselpaare auf dem heimischen PC selbst generieren, selbst verwahren und die öffentlichen Schlüssel auch selbst verteilen. Eine unabhängige, zentrale Registrierung oder Zertifizierung findet nicht statt, von Informationssicherheit kann mithin keine Rede sein. Da die mathematische Sicherheit von PGP jedoch sehr gut ist, eignet es sich ideal für einen Vergleich.

Nehmen wir also an, daß ein digitales Dokument von der Festplatte eines PC per Faxmodem auf jene eines anderen PC übertragen werden soll und zwar einmal als herkömmliches Telefax und einmal als mit PGP signierte Datei. Die im Streitfall möglichen Argumente beim Telefaxversand sind bekannt. Absender und Empfänger können derzeit, jeweils mit umgekehrten Vorzeichen aber gleich gutem Erfolg, unter anderem die Urheberschaft oder den Inhalt einer Nachricht bestreiten. Mit dem Hinweis auf mannigfaltige Manipulationsmöglichkeiten und Übertragungsfehler beim Faxversand, haben die Obergerichte den Weg dazu geebnet; [*OLG München* 23. Zivilsenat, 26.06.1992, Az: 23 U 2229/92; *OLG München* 7. Zivilsenat, 16.12.1992, Az: 7 U 5553/92; *LG Darmstadt* 9. Zivilkammer, 17.12.1992, Az: 9 O 170/92; *OLG Karlsruhe* 3. Strafsenat, 21.09.1993, Az: 3 Ss 100/93; *KG Berlin* 5. Zivilsenat, 04.03.1994, Az: 5 W 7083/93; *BGH* 8. Zivilsenat, 07.12.1994, Az: 8 ZR 153/93]. Wie aber stellt sich die rechtliche Situation bei der mit PGP digital signierten Datei dar? Es sei vorweggenommen: Im Ergebnis ändert sich - trotz digitaler Signatur - für den rechtssuchenden Anwender nichts. Die bekannten Argumente verlagern lediglich ihren Ansatzpunkt. War es vorher die digitale Nachricht / das digitale Dokument, auf das es die Begründung zu stützen galt, so ist es nunmehr die digitale Signatur, auf die es sich mit Erfolg zu stürzen gilt. Durch die fehlende Informationssicherheit kann beispielsweise schon niemand mehr den gesicherten Nachweis führen, daß die Schlüssel nicht bereits beim Erzeugen auf dem heimischen PC oder danach ausgeforscht und dupliziert wurden, von dem Mangel einer verläßlichen Zertifizierung ganz zu schweigen. Das aber reicht bereits aus, um dieses Public Key System im Streitfall zum Scheitern zu bringen. Der Beweiswert eines mit PGP signierten Dokuments ist dementsprechend gleich Null, eine Erleichterung der Beweislast im Wege des Anscheinsbeweises kann hier keine Steigerung des Beweiswerts bringen.

Die rechtliche Situation verbessert sich erst bei ausreichender Informationssicherheit im zuvor ausgeführten Sinne. Eine Aussage, die der Richter am Bundesgerichtshof *Melullis* im Rahmen einer bemerkenswerten Veröffentlichung getroffen hat, verdeutlicht dies: „Ob ein solches System die gestellte Aufgabe erfüllen kann, hängt nicht allein von seiner technischen Sicherheit ab ... Ein wesentlicher Faktor ist die Zuverlässigkeit der Stellen, die Schlüssel ausgeben. Es liegt auf der Hand, daß auch ein derartiges System im Rechtsverkehr wenig nützt, wenn etwa an dieser Stelle die notwendige Geheimhaltung durchbrochen wird." Und weiter: „Treffen die Aussagen der Techniker über die Sicherheit dieses Systems zu, begegnet auch eine an die Verwendung dieser Methode anknüpfende Beweislastverteilung keinen grundsätzlichen Bedenken. Ist tatsächlich gewährleistet, daß eine Prüfung mittels des öffentlichen Schlüssels nur dann zu einem positiven Ergebnis führt, wenn die Datei in dieser Form unter Verwendung des geheimen Schlüssels erzeugt wurde, und hat diesen nur der Berechtigte erhalten, spricht der erste Anschein dafür, daß bei einem positiven Ausgang der Kontrolle die Erklärung von ihm stammt und nicht verändert wurde." [*Melullis* MDR 1994, 111]

6   Anforderungen an den Betrieb eines Trust Centers

Die Anforderungen an den Betrieb eines Trust Centers ergeben sich derzeit ausschließlich aus den Bedürfnissen der Praxis. Rechtlich gibt es keine Vorgaben, auch der nationale Gebrauch der im Signaturverfahren zum Einsatz kommenden Kryptomittel ist bundesgesetzlich nicht geregelt. Zwar hat sich der Gesetzgeber der Thematik bereits auf Arbeitsebene angenommen, doch wird noch einige Zeit vergehen, bis entsprechende Regelungen Realität werden.

Die Bedürfnisse der Praxis sind dafür um so klarer. Soll ein Trust Center das Maximum der zuvor beschriebenen Zuverlässigkeit und Sicherheit bieten, bedarf es einer umfassenden Datenschutz- und Datensicherungskontrolle. Zwischen der sicheren Überwachung des Gebäudezutritts, den bereits erwähnten elektromagnetisch abgeschirmten Räumen und der durchgängigen Sicherheitsüberprüfung des eingesetzten Personals stellt sich dabei dem Betreiber ein weites Feld von präzisen, aber zweckorientierten und am berechtigten Interesse ausgerichteten Vorschriften und Kontrollen dar.

Da sich niemand der Sicherheit einer Black Box anvertraut, muß sich der Betreiber eines Trust Centers zusätzlich der Überprüfung und Qualitätskontrolle aller eingesetzten Systeme durch unabhängige Prüf- und Zertifizierungsstellen unterwerfen. Grundlage dieser Überprüfungen und Kontrollen sollten dabei, in Ermangelung gesetzlicher Vorgaben, international anerkannte Kriterien nach ITSEC (Information Technology Security Evaluation Criteria) und ISO 9000 ff (Qualitätsmanagement- und Sicherungsnormen der International Organization for Standardization) sowie Trust Center spezifische Validierungsverfahren sein. Das Motto der Trust Center Betreiber kann hier nur 'Vertrauen durch Kontrolle und Qualität' lauten.

7   Ausblick

Angesichts der heute möglichen Informationssicherheit sollte sich der Gesetzgeber um eine zügige Festschreibung der „elektronischen Form" gleichberechtigt neben der Schriftform des § 126 Bürgerliches Gesetzbuch (BGB) und um eine Anerkennung digital signierter Dokumente als Privaturkunden im Sinne des § 416 Zivilprozeßordnung (ZPO) bemühen.

Da es die für eine solche Gleichstellung notwendige Sicherheit nicht ohne ein Trust Center geben kann, sollte sich der Gesetzgeber parallel dazu auch um die Normierung der Anforderungen an den Betrieb eines Trust Centers bemühen.

Die bereits existenten und zuvor erwähnten, international anerkannten Prüf- und Kontrollkriterien können dabei eine Richtschnur sein. Jedenfalls erscheint es zur Vermeidung von Wildwuchs und der Wahrung von gewonnenem Vertrauen notwendig, die Zulassung und den Betrieb eines Trust Centers unter staatliche Kontrolle zu stellen. Dabei ist es jedoch keineswegs zwingend, hierfür neue, monopolistisch orientierte Kontrollstrukturen zu schaffen. Beurteilungskriterien, an denen sich die bereits jetzt anerkannten, unabhängigen Prüf- und Zertifizierungsstellen orientieren können, dürften insgesamt sinnvoller sein.

Literaturverzeichnis

[1]   Bizer, J / Hammer, V. (1993): Elektronisch signierte Dokumente als Beweismittel, DuD 1993, 619 ff.

[2]   Kowalski, B. (1995): Aufgaben und Management eines Trustcenters, in: Bundesnotarkammer (Hrsg.): Elektronischer Rechtsverkehr; digitale Signaturverfahren und Rahmenbedingungen, Köln 1995

[3]   Melullis, K.-J. (1994): Zum Regelungsbedarf bei der elektronischen Willenserklärung, MDR 1994, 109 ff.

[4]   Roßnagel, A. (1994): Digitale Signaturen im Rechtsverkehr, NJW-CoR 1994, 96ff.

III Chipkartentechnologie

F. Weikmann

1 Die neue Generation von Chipkarten-Mikrocontrollern

1 Einleitung

Fast jede Woche erscheinen Presseveröffentlichungen über Anwendungen mit Chipkartensystemen, die neue Märkte öffnen oder etablierte Märkte absichern sollen. Die aktuellen Projekte sind:

- die „elektronische Geldbörse"

- Kreditkarten-Anwendungen

- Absicherung des Data Highway (Netze), etc.

Die Anwendungen erreichen dabei eine noch nie dagewesene Komplexität, die sich in erster Linie durch Funktionalität, das bedeutet Programmcode (ROM), ausdrückt. Beispiele dafür sind die Bankenkarten in Österreich (STARPOS®)[21] und in Deutschland, die für das Chipkarten-Betriebssystem und zwei Anwendungen (Börse, electronic cash) ca. 16 kByte Assemblercode benötigen. Ähnlich verhält es sich mit den Hardwarefunktionen eines Chipkartencontrollers, die z. B. aufwendige Berechnungen mit asymmetrischen Kryptoalgorithmen in Millisekunden durchführen. Grundlage all dieser Anwendungen ist ein Stück Silizium mit einer Grundfläche kleiner 25 mm^2.

---

21 STARPOS®
eingetragenes Warenzeichen der Austria Card Wien

2 Historie

Die Idee von automationsfähigen Echtheitsmerkmalen für eine Identifikationskarte (ID), die integrierte Halbleiter-Bauelemente aufweist, ist durch eine Patentanmeldung in Deutschland aus dem Jahre 1968 dokumentiert. Als Erfinder sind Jürgen Dethloff und Helmut Gröttrup eingetragen, die in weiteren Patentschriften z. B. den Mikrocomputer und die Generierung der Programmierspannung für Chipkartenanwendungen dargestellt haben. 1979 beschrieb Michel Ugon aus Frankreich in einer Patentschrift den „Selbstprogrammierbaren Mikroprozessor". Diese Erfindung bezieht sich auf den neuartigen Aufbau eines Mikroprozessors oder Mikrorechners, bei dem in einfacher Weise, die auftretenden Probleme bei einer Selbstprogrammierung bzw. die automatische Programmierung in den eigenen nichtflüchtigen Speicher gelöst wurden. Dies war der Start für eine neue Entwicklung.

Im Jahre 1977 begann Motorola mit einer Machbarkeitsstudie zum Einbau eines Mikrocontrollers (MCU) und eines EPROM (Erasable Programmable Read-Only Memory) in eine ID-Karte nach ISO 7810. 1979 war diese Chipkarte realisiert. Es wurde schnell klar, daß diese Multi-Chiplösung in Bezug auf Fertigung, Zuverlässigkeit und Sicherheit nicht ideal war. Die Verbindungen zwischen den Chips eines Multi-Chipmoduls, im wesentlichen Steuer- und Datenbus, lassen sich leicht abhören, sind aufwendig für die Modulfertigung und verursachen große Modulflächen. 1980 begann Motorola mit der Entwicklung einer Ein-Chiplösung, die die obenerwähnten Nachteile nicht mehr aufweisen sollte. Das Konzept basierte auf einem 6805-Mikrocontroller und einem 8 kBit EPROM. Die Kombination der EPROM-Speicher- und der NMOS-MCU-Technologie auf einem Halbleiterelement war eine Herausforderung für Motorola. Mit der Überleitung in die Produktion war es dann 1982 möglich, größere Stückzahlen von sicheren Mikrocontrollern zu produzieren. Dieser erste Chipkarten-Mikrocontroller sowie einige Nachfolger wurden unter dem Namen SPOM (Self-Programmable One-Chip Microcomputer) bekannt. Die größte Anwendung war die Bankenkarte in Frankreich.

Der erste Mikrocontroller mit EEPROM (Electrically Erasable Programmable Read-Only Memory), der ab 1988 in großen Stückzahlen für eine Multi-Applikationskarte in C-Netz eingesetzt wurde, war der Hitachi HD65901 von 3 kByte ROM und 2 kByte EEPROM. Die Vorteile der EEPROM-Technologie - keine externe Programmierspannung und mehrfache Programmierung einer Speicherzelle - waren entscheidend, daß sich der EEPROM-Speicher in allen neueren Chipkartenprodukten etabliert hat.

3   Technologie

Der Fortschritt der Halbleitertechnologie beeinflußt in starkem Maße auch die Chipkarten-Technologie. Bei einem Produkt, das relativ komplex aufgebaut ist und über CPU, ROM, RAM sowie nichtflüchtigen Speicher verfügt, sind die Generationswechsel nicht so klar erkennbar wie bei dynamischen RAMs (DRAM). Die Speicherkapazität von DRAMs vervierfachen sich ca. alle 3-4 Jahre und sind damit Technologieführer in Bezug auf Halbleiterprozesse. Beispiel dafür ist der 256 MBit-DRAM mit einer Chipfläche von 286 mm2, der mit einem 0,25 µm-CMOS-Prozeß kürzlich als Labormuster vorgestellt wurde.

Bei Prozeßsprüngen von DRAMs und Prozessoren, z. B. von 0,8 auf 0,6 µm, werden dann die „älteren" Fertigungsstätten frei für die Produktion von Chipkarten-Halbleitern. Die neue Generation von Mikrocontrollern für Chipkarten wird mit einem 0,8 µm-CMOS-Prozeß hergestellt. Nicht nur die Strukturbreite, sondern auch das Design der CPU und der einzelnen Speicherarten spielen eine große Rolle, wenn es darum geht, Siliziumfläche zu minimieren. Siemens HL will dies mit einer neuen Mikrocontrollerfamilie der „S-Klasse" (SLE 44 CXY S) für Chipkarten unter Beweis stellen.

4   Speichertechnologie

Die Speichertechnologie hat einen entscheidenden Einfluß auf die Chipkartentechnik und deren Anwendungen. Aus

Sicht des Mikrocomputers bzw. des Betriebssystems kann man die Speicher wie folgt aufteilen:

- Nichtlöschbare Speicher oder Festwertspeicher (Read Only Memory, ROM) beinhalten z. B. Programme für das Betriebssystem, Logik für eine Steuerung oder Festdaten.

- Nichtflüchtige programmierbare Speicher (non-volatile programmable memory, NVM) sind Speicher, die Inhalte unabhängig von der Stromversorgung für eine längere Zeitspanne behalten. Die Speicherinhalte sind z. B. Zustände, Programme und Daten einer Anwendung.

- Flüchtige änderbare Speicher (Random Access Memory, RAM) sind energieabhängige Speicher, die bei einer Unterbrechung der Stromversorgung ihren Inhalt verlieren. Diese Speicherart wird als Arbeitsspeicher und Registerspeicher für die Berechnung von Zwischenergebnissen, als Ein-/Ausgabespeicher für die Datenkommunikation und den temporären Zuständen einer Anwendung verwendet.

Die Realisierung der einzelnen Speicherarten aus technologischer Sicht kann mit Ausnahme des Arbeitsspeichers (RAM) in verschiedenen NVM-Speichertechnologien erfolgen. Nach dem Übergang von EPROM auf EEPROM zeichnet sich eine Ablösung des EEPROM durch Flash-EPROM/EEPROM an. Diese Flash-Memories kombinieren die EPROM-Programmierung mit der Methode des Löschens von EE-PROM-Zellen. Die Vorteile dieser Technologie sind nicht nur die kleine Fläche der Speicherzelle, die etwa die Größe einer EPROM-Zelle entspricht und damit kleiner als die Zellgröße von dynamischen RAMs (DRAM) ist, sondern auch Lösch-/Schreibzyklen, die größer 100.000 sind und in naher Zukunft bei 1.000.000 liegen werden. Standardmäßig werden bei großen Flash-Speichern Löschzyklen über einige kByte-Blöcke durchgeführt, was für Chipkartenanwendungen noch zu groß ist. Will man diesen Speicher als ROM-Ersatz verwenden, würde die Blockgröße z. B. zwischen 4 bis 8 kByte und bei programmierbaren Speichern bei ca. 32 Byte liegen. Das Schreiben von Daten liegt im Bereich von 10 µs und das Löschen bei einigen ms. Stellvertretend kann hier Intels ETOX IV (EPROM with Tunnel Qxid) Flash-Speichertechnologie erwähnt werden.

FRAM- (Ferroelectric Random Access Memory) Speicher ist ein nichtflüchtiger Speicher, der die Eigenschaft ausnutzt, daß mit Hilfe elektrischer Felder Dipole polarisiert werden können. Die schnelle Schreibgeschwindigkeit (100 ns), die Anzahl der Schreibzyklen (10^{10}) und der geringe Stromverbrauch heben diese Speichertechnologie gegenüber den EEPROM- und Flash-Speichern hervor. FRAM werden heute schon in Speicherchipkarten mit kontaktloser Übertragung eingesetzt. Eine Marktreife der Mikrocontroller für Chipkarten könnte in ca. 5 - 8 Jahren gegeben sein. Eine Kombination von FRAM, MCU in Verbindung mit einem Input/Output-Modulator wäre geradezu ideal für kontaktlose Chipkarten.

5 Mikrocontroller mit Recheneinheit

Für symmetrische Verschlüsselungsalgorithmen (DES, SAFER, etc.) ist ein 8-Bit-Mikrocontroller meist ausreichend. So werden z. B. für eine 8 Byte-DES-Verschlüsselung ca. 24 Byte Arbeitsspeicher (RAM) benötigt und die Rechenzeit liegt dabei um 10 ms. Benötigt man keine Verschlüsselung von Daten im k- oder M-Byte-Bereich sind dies annehmbare Größen.

Bei der asymmetrischen Verschlüsselung, wie z. B. der RSA-Verschlüsselung, mit 512 Bit Schlüssellänge, ist der Arbeitsspeicher einer Chipkarten-MCU nicht ausreichend und die Rechenzeiten liegen im Bereich größer 200 Sekunden. Aus diesem Grund wurden bei den ersten Public-Key-Systemen die geheimen Schlüssel in der Chipkarte gespeichert und mit Secure Messaging (DES) zu einem sicheren Kryptoterminal übertragen. In diesem Terminal wird dann z. B. von einem Dokument ein Hash-Wert gebildet und dieser RSA-verschlüsselt (digitale Signatur). Diese Terminals beinhalten neben einer MCU auch einen digitalen Signalpozessor (DSP), der bei einer Taktfrequenz von 20 MHz für eine RSA-Verschlüsselung einige msec benötigt. Ein weiterer Vorteil dieser hohen Rechenleistung ergibt sich für die Generierung von Schlüsselpaaren. In der Praxis werden dabei Schlüssellängen von 512 bis 1024 Bit verwendet. In Tabelle 1 sind typische Zeiten für das Kryptoterminal CRM 710 von G&D dargestellt.

DES   125 µs/Block bei Massenverschlüsselung
       (entspricht ca. 0,5 Mbit/s)

RSA   Schlüssellängen bis 2048 Bit

Tab. 1:
Kryptographische Funktionen des CRM 710

Schlüssellänge	512 Bit	1024 Bit
Verifikation dig. Signatur	< 8 ms	< 23 ms
Generierung dig. Signatur	< 50 ms	< 247 ms
Schlüsselgenerierung	3 s	20 s

Die erste für Chipkarten am Markt erhältliche MCU mit Rechenwerk (1992) war der Philips P83C852-Kryptocontroller. Hierbei wurde die 8-Bit-MCU um eine Recheneinheit und um einen zweiten Datenbus erweitert. Die Recheneinheit ist speziell für mathematische Operationen ausgelegt, die für eine asymmetrische Verschlüsselung notwendig sind. Um Register und Akkumulator schnell zu laden, wird der zweite Datenbus benötigt. Dadurch wird schnelle Carry Wandlung erreicht und die Übernahme von Operanden aus dem RAM und EEPROM, sowie das Ablegen von Ergebnissen im RAM wird beschleunigt. Die Recheneinheit ist optimiert auf das Ausführen von Multiplikation und Addition, Shift-Operation und schnellem Datentransfer. Der P83C852 benötigt für eine RSA-Verschlüsselung von 64 Byte ca. 1 s bei einer Taktfrequenz von 6 MHz. Bei einer Schlüssellänge von 768 Bit wird die Signaturberechnung mit Hilfe des chinesischen Restklassensatzes (Chinese Remainder Theorem, CRT) durchgeführt. Die Rechenzeit für die Realisierung von 768 Bit, bei einer Taktfrequenz von 6 Mhz, beträgt beim Betriebssystem STARCOS PK1.0 1,5 s. Die P83C852-Lösung stellt einen Kompromiß zwischen Hard- und Softwareaufwand dar. Bei 512 Bit Schlüssellänge werden für das Programm ca. 260 Byte ROM und für das Zwischenspeichern der Ergebnisse 196 Byte benötigt.

Erheblich mehr Aufwand wurde in die Hardware des Coprozessors des Siemens SLE 44C200 investiert. Kern des Coprozessors ist ein 140 Bit breites, paralleles Rechenwerk. Eine vollständige Modulo-Multiplikation bei 540 Bit-Wörtern setzt sich aus vier fortlaufenden 140 Bit breiten Zyklen innerhalb des Rechenwerkes zusammen. Das Rechenwerk hat eine RISC-ähnliche Architektur und verfügt über 5 x 560 Bit Coprozessor-Arbeitsspeicher. Der Chip benötigt für eine modulare Exponentiationsoperation $M = A^E$ mod N mit 540 Bit-Wörtern bei einer Taktfrequenz von 3,57 MHz eine Rechenzeit von ca. 300 ms. Das Rechenwerk des SLE 44C200 benötigt dazu eine Chipfläche von ca. 5 mm^2.

SGS-Thomson bietet neben dem Chipkartencontroller ST16CF54 zwei weitere Controller für den Einsatz in Terminals an. Die Produkte beinhalten einen Coprozessor und eine Bibliothek mit kryptografischen Funktionen im ROM, die die Firma Fortress U&T entwickelt hat. Die modularen Potenzierungen wurden dabei auf 256 und 512 Bit optimiert und lassen wie beim Coprozessor von Siemens 1024 Bit Berechnungen zu.

Der Motorola-Kryptocontroller SC29 wurde ebenfalls in Zusammenarbeit mit Fortress entwickelt. Die modulare Recheneinheit kann Potenzierungen mit großer Geschwindigkeit nach der Montgomery-Methode verarbeiten und führt komplette 256 oder 512 Bit Modulo-Multiplikationen unabhängig von der CPU durch. Etwa 4 kByte ROM-Bibliotheksfunktionen stehen für die Berechnung des RSA (512, 768 und 1024 Bit), des Digital Signature Standard (DSS) sowie für Schlüsselgenerierung und mathematische Grundoperationen zur Verfügung. Der SC29 benötigt für eine 512 Bit-RSA-Berechnung ca. 500 ms und 125 ms mit Hilfe des CRT.

6 Zukünftige Technologieanforderungen

Die Anforderungen an die Chipkartenanwendungen und damit an die Hard- und Software von Chipkarten-

Mikrocontrollern nehmen ständig zu. Sowohl der Kostendruck als auch die Leistungs- und Sicherheitsanforderungen der Kunden sind der Motor der Chipkarten-Technologie. Die zukünftigen technischen Entwicklungen sind:

- Niedrige Versorgungsspannung
  Die heutige 5 Volt-Technologie wird abgelöst von der 3-5 Volt-Technologie, wobei GSM (D-Netz) die Führungsrolle übernommen hat und Halbleiterhersteller bereits Mikrocontroller anbieten. Der Trend geht auf 3 Volt und zeigt in Richtung < 2 Volt.

- CPU und Coprozessoren
  Leistungssteigerungen durch modifizierte Standard-CPUs und Einführung neuer RISC-CPUs. Coprozessoren im Design Digitaler Signal Prozessoren für symmetrische und asymmetrische Kryptoverfahren.

- Speicher
  - Programmierzeiten bei EEPROM < 1 ms
  - Schreib-/Löschzyklen bei EEPROM > 400.000 bis 1.000.000
  - Flash-Speicher und FRAM
  - Speicher > 64 kByte

- Zwei I/0-Ports, realisiert mit UART-Bausteinen, die auch für synchrone Übertragungsprotokolle geeignet sind und hohe Übertragungsraten zulassen.

- Erhöhung der Taktfrequenz (extern, intern)

- Kleine Halbleiterstrukturen

- Sicherheit
  Erhöhung der Sicherheit durch technologische und schaltungstechnische Maßnahmen. Besonders interessant für geldwerte und hochsicherheitstechnische Anwendungen. Kundenspezifische Lösungen, wie STARSHIELD von G&D, die eine Kopplung von Hard- und Software herstellen und die sich nicht mit Standardcontrollern nachbilden lassen.

- Integration von Modulationsbausteinen in MCUs für Anwendungen im Bereich der kontaktlosen Karte.

- Speicherverwaltung durch eine Memory Management Unit (MMU), die softwaregesteuert Speicherzugriffe mit Hilfe von Hardware überwacht.

U. Hamann
S. Hirsch

2 Chipkarten-ICs - die richtige Lösung für Sicherheitssensitive Anwendungen

Chipkarten sind ein ideales Medium zur Verbreitung und Vermarktung von Dienstleistungen, bei denen auf geschützte Daten zugegriffen werden muß. Diese Services, beispielsweise in der Telekommunikation, im Bank- und Gesundheitswesen oder bei Hochsicherheitsanwendungen wie der Zugangskontrolle zu Rechenzentren, erfordern einen unterschiedlichen Grad an Datensicherheit. Für jede dieser Anwendungen bietet Siemens Halbleiter den maßgeschneiderten Chip.

1 Sicherheitspyramide

Je nach Applikation sind schon aus Kostengründen unterschiedliche Sicherheitsniveaus erforderlich. Eine Krankenversicherungskarte muß nicht die gleichen Sicherheitsmerkmale aufweisen wie ein Zutrittsausweis zu einem sicherheitssensiblen Rechenzentrum oder eine elektronische Geldbörse, auf der ein hoher Betrag gespeichert ist.

Aus Sicht des Halbleiterherstellers ergeben sich folgende Sicherheitsstufen (**Bild 1**):

- EEPROM-Technologie als Basis,

- in Hardware realisierte Sicherheitsmechanismen, wie die persönliche Geheimzahl (PSC = Personal Security Code),

- in Hardware realisierte Hochsicherheitsmechanismen, wie eine symmetrische Authentifikation,

- Hard- und Software-Sicherheitsmechanismen des Controllers und

- Hard- und Software-Hochsicherheitsmechanismen des Krypto-Controllers als höchste Sicherheitsstufe.

Bild 1:
Die Sicherheits-
pyramide

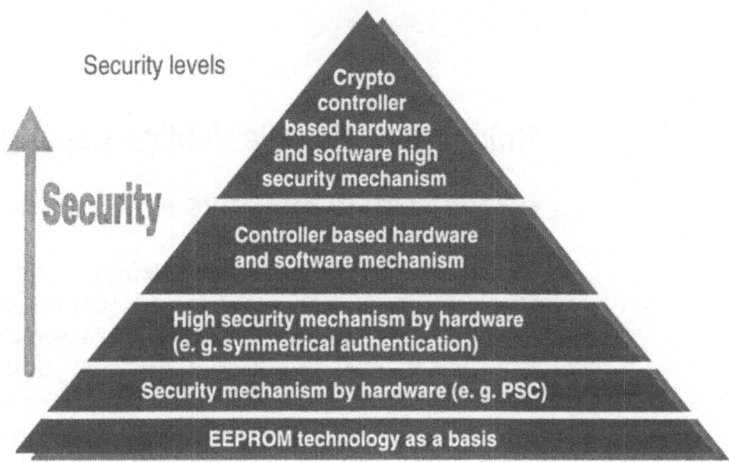

Der Inhalt von EEPROM-Zellen ist auf optischem Wege nicht lesbar. Jeder Angriff auf die Zelle im Sinne einer Analyse des Zelleninhalts bewirkt eine sofortige Zerstörung der Daten. Eine Veränderung (Manipulation) kann nur in einer Richtung vom geladenen Zustand (»wertvoll«) zum ungeladenen Zustand (»wertlos«) stattfinden. Beim Versuch, an die Ladung durch schichtweises Abätzen der Halbleiterschichten heranzukommen, wird bei Annäherung an das Gate der EEPROM-Zelle deren Ladungsinhalt vernichtet (Selbstzerstörung). Angriffe im spannungslosen Zustand sind nicht möglich. Zur Unterstützung von Sicherheitsfeatures bietet das EEPROM die Möglichkeit der irreversiblen byteweisen und/oder blockweisen Sperrung.

Bei der Nutzung des Personal Security Codes (PSC) als Paßwort wird der Vergleich zwischen vom Anwender eingegebenem Wert und dem auf dem Chip abgespeicherten Code nicht im System (d.h. die Geheimzahl müßte via abhörbarem Transfer vom Chip zum Terminal transportiert werden), sondern von der Vergleichslogik des Chips durchgeführt. Die Geheimzahl bleibt also in gesicherter Umgebung. Es handelt sich um einen »Fail-save«-On-chip-Vergleich.

Die nächsthöhere Sicherheitsstufe, die symmetrische Authentifikation durch einen Hardware-Algorithmus, ist kostengünstig und sehr wirksam mit einem intelligenten Speicherchip ohne die Rechenleistung einer CPU realisierbar. Durch Ablauf eines Challenge- und Response-Verfahrens zwischen Terminal und Chip in der Karte beantwortet eine Hardware-Funktion des Chips die Anfrage des Terminals. Gesteuert wird die Hardware-Funktion von einem Geheimnis, das im Chip gesichert gespeichert ist. Die im Sicherheitsmodul des Terminals ablaufende Paralleloperation ermöglicht einen Vergleich beider Ergebnisse und somit die Authentifikation zwischen Karte und Terminal.

Die Sicherheitsleistung des Controllers, der nächsten Sicherheitsstufe mit aufwendigerer Hardware, beruht auf folgenden Eigenschaften:

- Möglichkeit der Programmierung komplexer interner Sequenzen und intelligenter Analyse von Informationen und Signalen,

- Verfügbarkeit von applikationsspezifischen Features,

- Fähigkeit der Selbstkontrolle, ohne daß zusätzliche Signale von außen erforderlich sind,

- softwaremäßige Realisierung von symmetrischen On-chip-Sicherheitsalgorithmen.

Die höchste Stufe der Sicherheit ist mit Hilfe von Krypto-Controllern realisierbar. Alle Controller-Sicherheitseigenschaften der vorherigen Stufe sind natürlich auch beim Krypto-Controller verfügbar. Hinzukommt eine arithmetische Hardware-Einheit, die die Ausführung verschiedener asymmetrischer On-chip-Sicherheitsalgorithmen möglich macht. Haupteigenschaft asymmetrischer Algorithmen ist

die Trennung von Verschlüsselungs- und Entschlüsselungs-
prozeß. Erlangt jemand Kontrolle über den einen Vorgang, so
ist es ihm dennoch unmöglich, auch den entgegengesetzten
Vorgang zu beherrschen.

Bei allen fünf Sicherheitsstufen kommt es darauf an, die
Möglichkeiten der Halbleitertechnik, die Kreativität der
Hardware-Entwickler und die Anpassung der Software
an die Vorgaben der Hardware optimal aufeinander abzu-
stimmen. Aufgrund der begrenzten Chipfläche für Chipkarten-
ICs (die Grenze liegt aufgrund von Stabilitätsgrenzen des Si-
liziumplättchens im flexiblen Kartenmaterial zwischen 25 und
30 mm^2) sind die Fähigkeiten der Entwickler immer wieder
auf das Höchste gefordert. Die Verantwortung für den Hersteller von Chipkarten-ICs ist hoch, denn die Sicherheit des
gesamten Systems hängt maßgeblich von der Sicherheitsleistung des Chips in der Karte ab.

2 Hochsicherheit durch Krypto-Controller

Das High End der Controller sind die Krypto-Controller SLE
44C200 und der ab Q3/95 als Sample verfügbare SLE
44CR80S.

Die Entwicklung von asymmetrischen Kryptoverfahren hat
dem Gebiet Sicherheit eine völlig neue Dimension gegeben.
Die Kombination dieser Verfahren mit physikalisch extrem
sicherem Speicherplatz in einem portablen Werkzeug wie der
Chipkarte war lange Zeit unerreichbar, weil die mathemati-
sche Komplexität von asymmetrischen Kryptoverfahren die
Möglichkeiten auch der leistungsfähigsten Controller-
Chipkarten bei weitem überforderte. Mit dem SLE 44C200
und dem SLE 44CR80S, einer Kombination aus Chipkarten-
Sicherheits-Controller und arithmetischem Coprozessor, ist es
dem Halbleiterbereich von Siemens gelungen, eine perfekte
Lösung für dieses Problem zu finden.

Im Gegensatz zu symmentrischen Algorithmen (z. B. DES),
bei denen Sender und Empfänger denselben geheimen
Schlüssel zur Ver- und Entschlüsselung bzw. zum Nachweis
von Datenintegrität und Datenauthentizität benutzen müssen,

wird bei asymmetrischen Algorithmen (z. B. RSA) mit Schlüsselpaaren gearbeitet. Jeder Teilnehmer hat ein aus öffentlichem und geheimen Teil bestehendes Schlüsselpaar, bei dem sich der geheime Schlüssel nur mit extrem hohem Aufwand aus dem öffentlichen Schlüssel ableiten läßt. Da die Performance der heute bekannten asymmetrischen Verfahren nicht gut ist, eigenen sich diese nicht für die Anwendung auf die Ver- und Entschlüsselung von umfangreichen Texten. Statt dessen kommen Hybridverfahren zum Einsatz. Zur Ver- und Entschlüsselung werden symmetrische Verfahren verwendet, zum Schlüsselaustausch und für die elektronische Unterschrift setzt man asymmetrische Algorithmen ein.

Die elektronische Unterschrift ist also das Standardeinsatzgebiet für Krypto-Controller. Um den asymmetrischen Algorithmus hierbei nur auf möglichst wenige Daten anzuwenden, wird auf die zu unterschreibenden Daten zunächst ein Hash-Algorithmus angewendet. Die so reduzierten Daten werden anschließend mit dem privaten Schlüssel des Absenders signiert. Nach der Übertragung von Signatur und Daten wendet der Emfänger ebenfalls den Hash-Algorithmus auf die Daten an. Mit dem öffentlichen Schlüssel des Absenders, angewendet auf die Signatur des Absenders, kann er nun Authentizität und Integrität der Daten prüfen.

Asymmetrische Verfahren basieren auf modularer Arithmetik, was eine Standard-CPU bereits vor prinzipielle Probleme stellt. Die Sicherheit der Verfahren hängt außerdem entscheidend von der Operandenlänge ab. Chipkartencontroller verfügen über 8-Bit-Prozessoren, für asymmetrische Verfahren werden jedoch 512 Bit als Mindestlänge angesehen. Der Coprozessor der Siemens Krypto-Controller ist auf modulare Arithmetik spezialisiert und somit der entscheidende Schritt zur Realisierung von Public-Key-Verfahren auf Chipkarten-ICs.

Die Architektur der Krypto-Controller wurde so flexibel gestaltet, daß die auf modularer Arithmetik basierende Software-Implementation von asymmetrischen Krypto-Algorithmen wie RSA, Fiat-Shamir, DSA oder Guillou-Quisquater möglich ist.

Der SLE 44C200 verfügt über 10 Kbyte ROM, 256 (+350) Byte RAM und 2.5 Kbyte EEPROM. Der SLE 44CR80S wurde für Applikationen mit höheren Anforderungen an den Umfang von Programm- und Datenspeicher entwickelt. Er verfügt über 17 Kbyte ROM und 8 Kbyte EEPROM. **Bild 2** zeigt beispielhaft die Möglichkeiten, die sich durch den Einsatz von Krypto-Controller-ICs auf verschiedenen Gebieten mit besonderen Sicherheitsanforderungen ergeben.

Bild 2: Einsatz von Krypto Ics

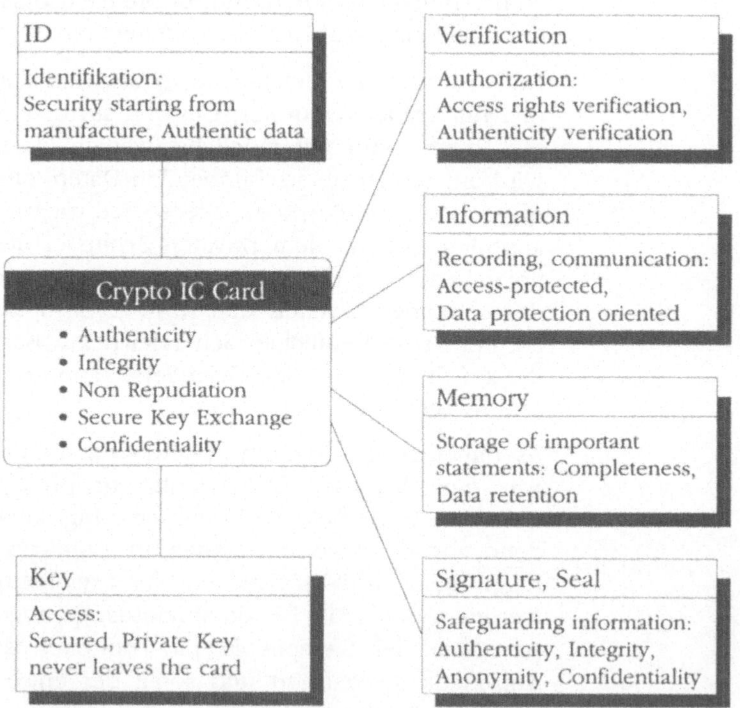

Die Krypto-Controller wurden auf 540-bit-Worte optimiert (4 x 140-Bitregister), wobei drei Operanden gleichzeitig abgearbeitet werden.

Zusätzlich verringern folgende Features die Rechenzeit:

- Beschleunigte Multiplikation, Division und Exponentiation durch die Verwendung von Multiple-Look-Ahead-Algorithmen,

- verkürzte Exponentiationszeit durch Reduktion der Anzahl der jeweiligen Multiplikationen,

- optionale Anwendung des Chinese-Remainder-Algorithmus.

Mit der beschriebenen Architektur werden die schnellsten bisher bekannten Ausführungszeiten für Public-Key-Verfahren erreicht. Für eine 512-Bit-Potentiation benötigt der SLE 44C200 bei 5 MHz nur 0,22 Sekunden **(Tabelle)**. Das Bearbeiten von Schlüsseln mit 768 bzw. 1024 bit ist per Software durch Zerlegen der Gesamtrechenoperationen in einzelne 256-bit- bzw. 512-bit-Operationen möglich.

Tabelle: SLE 44C200 Operationen bei 5 Mhz

Operation	Modulo	Exponent	Execution time
RSA (standard)	512 bit	512 bit	220 ms
RSA (Chin. Remainder)	514 bit	equal to 514 bit	60 ms
DSA signature	512 bit / 160 bit	160 bit	94 ms
DSA verification	512 bit / 160 bit	160 bit	173 ms
Ell. Curves signature	135 bit / 131 bit	131 bit	660 ms
Ell. Curves verification	135 bit / 131 bit	131 bit	1250 ms
GQ authentication	514 bit	17 bit	18 ms
GQ verification	514 bit	17 bit	18 ms

RSA	Rivest-Shamir-Adleman
DSA	Digital Signature Algorithm
Ell.C.	Elliptic Curves
GQ	Guillou-Quisquater

3 Sicherheitskonzept

Ein Höchstmaß an Sicherheit kann realisiert werden, wenn Halbleiter-, Karten- und Systemhersteller in enger Zusammenarbeit mit dem Systembetreiber wirkungsvoll aufeinander abgestimmte Entwicklungen kontinuierlich durchführen. Ein wirkungsvoller Schutz gegen Manipulation und Fälschung von Chipkarten erfordert dabei immer koordinierte Anstrengungen in den Bereichen

- Hardware-Sicherheit (physikalische Methoden),
- Software-Sicherheit (Betriebssystem),
- Systemsicherheit (Anwendung intelligenter kryptographischer Methoden bei der Kommunikation zwischen Karte, Leser und Hintergrundsystemen).

R. Ferreira
R. Malzahn
J. -J. Quisquater
T. Wille

3 A High Performance Third Generation Crypto Card

1 Abstract

Interest in implementing public key cryptosystems (PKC's) in smart cards is ever increasing as evidenced by the growing number of smart card products and smart card applications based on PKC's. This paper discusses the motivation for this interest, analyses the computational efficiency of some PKC's of interest, particularly those based on modular exponentiation, in different smart card architectures currently being exploited by typical smart card environments. An efficient architecture for implementing PKC's in third generation smart cards taking into account the already implemented first generation PKC based smart cards is next described. The advantages of this architecture for initial implementation in the Philips P83C858 cryptocontroller for smart cards and its adaptability for evolution are pointed out.

2 Introduction and Background

The smart card, already in widespread public usage, is becoming an essential tool in providing security in today's ever increasingly computerized society. Many applications requiring security, both professional and mass consumer, are distributed, e.g. EDI, Electronic Money, pay-TV or banking (see [8]).

One of the important characteristics of such applications is mobility, the user must be able to securely access the application from different physical locations and workstations. The important investments made in smart card technology over the past decade have transformed the smart card into a cheap, portable, tamper resistant security device capable of executing essential cryptographic functions such as authentication.

Another important characteristic of such applications is the need for undeniable signatures. For example in many EDI applications undeniable digital signatures, which can only really be provided by PKC' s, are the basis of the secure communication between financial institutions and their corporate customers. The distributed nature of mass consumer applications also favour the use of PKC' s. A typical example is the electronic purse where the distributed and off-line characteristics of the application require the placing of secure terminals in unsafe physical locations on a large scale.

Basing such an application on a symmetric secret key cryptosystem means replicating global system keys in all terminals if unrestricted electronic purse transactions are to be permitted. This exposure of global keys makes the system highly vulnerable, because compromise of a single terminal would in principle allow cloning of any electronic purse in the system. This vulnerability can be reduced by using various key partitioning strategies at the expense of increased key management and protocol complexity without obtaining the perfect key separation achievable with PKC' s ([4]).

Lastly many PKC' s appear to have reached maturity and their use in smart card based applications has gained universal acceptance. This coupled to the synergy resulting from the evolution of smart card technology and progress in efficient implementation techniques has made smart cards based on PKC' s a practical and irreversible trend.

Section 2 gives a short history of smart cards, the current architectures for PKC' s, the criteria for a good cryptosystem implementation, and the needed basic algorithms. Section 3 describes a new architecture well suited for PKC' s implementations in smart cards.

3   Lessons from the current smart card architectures

3.1   A Short History of Smart Cards

Technological barriers impose limitations on cryptographic algorithms in general and PKC' s in particular which can be implemented in smart cards, due to limited resources of ROM / RAM / EEPROM and specific instruction sets which may be required for adequate performance. Typically, for high reliability and yield, experience has demonstrated that a smart card chip should be less than 25 sq mm.

The first smart cards in the early 1980' s could only implement very restricted algorithms such as TELEPASS coded in a few hundred bytes and requiring very limited RAM. However such algorithms did not gain universal acceptance. The successful smart card implementation by Philips of DES in 1985 was a breakthrough which expanded the market for smart card security applications. However DES, as already pointed out, raises security problems in some application areas, although its cost effectiveness, high performance and security attributes will ensure that it remains a popular algorithm in appropriate smart card applications.

In earlier generations of smart cards, implementation of PKC' s particularly those based on modular exponentiation encountered resource and performance limitations. Typically a 512 x 512 bit modular multiplication executes in around 50 to 100 milliseconds in a smart card depending on the CPU core and clock speed available. Thus generation of an RSA signature ([13]) with a 512 bit key length takes around 40 to 80 seconds. Implementation of the Chinese Remainder Theorem ([3]) would reduce this to around 10 to 20 seconds, unacceptable for real time applications in earlier smart cards (ignoring modulus of larger sizes).

From 1985-1991 specific variations of PKC's e.g. the zero knowledge protocols such as Fiat/Shamir ([5]) or Guillou-Quisquater ([6], [7]), invented with smart card applications in mind, were implemented, also special PKC like protocols (viz David Chaum), as these could yield acceptable performance.

Today progress in factorisation will impose moduli of 640, 768, 1024 bits. The current smart cards are inadequate due to memory limitations, low performance and/or lack of flexibility.

3.2 Current Hardware Architectures for PKC's

The first smart card capable of executing PKC's with acceptable performance for real time applications (e.g. RSA signature with 512 bit key length in $\leq$ 0.5 second) was commercialised by Philips in 1991 (see [12]).

The new architecture included an autonomous arithmetic unit optimised for modular multiplication (a 25-50 improvement factor over straightforward software implementations). Simultaneously RAM size was increased to 256 bytes, about the minimum necessary to achieve acceptable performance. In 1.2 μ technology the arithmetic cell occupied about 2.5 sq. mm and the complete smart card chip about 22 sq. mm. The architecture seems flexible but the technology is today outmoded.

Since then several second generation smart card compatible chips comprising hardware oriented to exploiting modular exponentiation have been announced or are in the initial phases of commercialisation. These include products by Cylink, Motorola, Siemens and Thomson. More advanced technology ($\leq$ 1 μ) permits implementation of larger hardware resources (e.g. up to 512 bytes of RAM, 8 Kbytes of EEPROM) and coprocessors dedicated to efficiently executing modular exponentiation.

Performance, using a 512 bit key length RSA signature as a benchmark, is claimed to be in a range of about 80 milliseconds and upwards. However these chips have certain disadvantages which might be eliminated in later versions:

- One chip has dedicated shift registers which do not seem to be efficiently utilised. Moreover the design appears to lack flexibility, as increasing key length degrades performance more rapidly than seems necessary (except for some particular values).

- A second chip uses an extremely wide data bus (140 bits). This appears to be overkill and results in a large chip with the associated implications for yield and reliability without any discernable performance improvement.

- Yet another chip uses an architecture which also results in a large chip which seems to give neither exceptional performances nor respect ISO requirements.

3.3   Criteria for a Good Cryptosystem Implementation

The third generation smart card chip architecture to be described aims to overcome these disadvantages. This architecture defined as FAME (Fast Accelerator for Modular Exponentiation) is designed for incorporation into Philips third generation family of smart card cryptocontroller. The first implementation will be in the P83C858 comprising 16 Kbytes ROM, 8 Kbytes EEPROM.

The principal criteria for a third generation might be summarized as follows:

- Flexibility: the architecture should be general enough to efficiently execute any PKC based on modular exponentiation, using any algorithm with any key length, without degrading performance more rapidly than the bounds imposed by the hardware limitations. This requires the use of a common RAM (the random-access aspect is very important).

- RAM should be sufficiently general and large to avoid too frequent interlaced multiplication followed by reduction, at least for some optimum benchmark key length.

- Optimum use of the hardware resources is necessary to obtain the maximum from the available technology to avoid potential performance degrading characteristics such as padding, truncation, and to minimize the degradation due to normalisation and/or corrections, whatever the technique chosen.

- The coprocessor should be $\leq$ 10 % of the total silicon area of a smart card to minimize cost and maximize reliability and yield.

- The different busses should be for free (i.e. no additional silicon penalty) by clever exploitation of the technology. This point is important because it must be possible to use the coprocessor with a minimum of idle time and the busses should be designed accordingly.

- Preloading of parameters must be possible to compensate for unavoidable underutilisation of busses.

- Complete and independent control for the coprocessor should be possible, via fast and dedicated RAM access, independent access to both ROM and EEPROM, the provision of local pointers for fast context switching and asynchronous control with respect to the CPU.

- Additionally the coprocessor should be able to process a basic multiplication (e.g. 32 x 32) very rapidly in a minimum of clock cycles, should be fully occupied and should be user-friendly (require a minimum of commands to perform a complete modular multiplication).

Clearly fulfilling all of these criteria requires the modelling of different architectures to find the optimum. Observe that the flexible architecture of CORSAIR ([12]) is a good basis if we add the possible improvements due to the advances of the technology. The next section will describe considerable improvement of such an architecture.

3.4   **Algorithms**

There is an evident relationship between the algorithm(s) in mind for the computation of the modular multiplication and the architecture of the coprocessor.

The following operations are to be considered:

- multiplication of two large integers:

  while there are many ideas on how to perform the multiplication only the classical ones are practically effective. Maybe for integers with more than 512 bits it is possible to use the acceleration of Karatsuba. The gain in performance is not so significant. Other ideas (Brent, ..., see Knuth [9]) need more study to be effectively applied to the smart card. The only useful practical idea seems to be to accelerate the operation of squaring relative to the general multiplication (already in use for software implementations of PKC' s in smart cards).

- reduction of a large integer modulo a large integer:

  there are many methods to compute the operation modulo. These are based on the use of:

  - precomputation (see [2]);

  - preprocessing and postprocessing of the numbers in use (to avoid the computation of approximate partial quotients):

  - operations interleaved or not with the multiplications;

  - computation starting from the LSB or from the MSB of some operand;

  - division with correction, without correction or accumulation and correction at the end.

The two main categories of methods are:

- Method of Knuth ([9]), Barrett ([1]), Quisquater ([12]), ...(use of MSB):

- method of Montgomery ([10]), Arazi, ... (use of LSB).

The next section will describe an architecture permitting efficient implementations of the two categories.

4 A new Architecture

4.1 Algorithms

The multiplication algorithm is simple and does not need detailed explanation. Let us denote by X and Y, the two numbers to multiply. The needed basic step is well described by:

$$R \leftarrow Carry + (Y \times x_i),$$

where R is the register for storing the result, the Carry is some intermediate short result (generally between 1 bit and 32 bits) and the number x_i is the i-th word ("digit") of X.

The reduction algorithm will use the following basic step:

$$R \leftarrow Carry + Z + (Y \times x_i),$$

where Z is the current value of the number to be reduced.

The use of the MSB or the LSB for the reduction is only a question of incrementing or decreasing some pointers. We will implement both.

The coprocessor will be smart enough to implement in an efficient way many of the methods for computing the partial quotients needed by the best methods in use (including Montgomery [10]).

The conclusion of this section is that the chosen architecture needs not be dedicated to one method of computing the modular multiplication: in fact many methods will be possible.

This ensures compatibility with existing software, tests and technical literature.

4.2	**Hardware**

The following choices were made after a careful analysis of several architectures:

- The CPU and the coprocessor are two separate entities with very few interactions: the two processors will work in parallel.

- Sharing of the storing facilities (RAM, EEPROM, ROM). In fact, we will divide the RAM into two parts, one accessible by the coprocessor and the CPU (XRAM: the extended RAM) and one only accessible by the CPU (IRAM: internal RAM). This division will facilitate the solution of access conflicts.

Analysis of the current technological possibilities leads us to consider the implementation of an 8 x 32 bit multiplier (compatible with a technology of 0.7μ).

Due to this hardware limitation, the last equation will be performed by the repetition of the following basic step:

$$r_j \leftarrow Carry + z_j + (y_j \times x_i).$$

There are two possibilities:

- x_i has 8 bits and thus y_j has 32 bits; this solution needs a large bus because, for each clock cycle, there is a transfer of 32 bits during each z_j, y_j and r_j. The width of the bus is thus at least 32+32+32 bits.

- x_i has 32 bits and thus y_j has 8 bits. The width of the bus is now only 24 bits.

The two solutions need the same multiplier and two adders (not in the same order!): the difference will only be for the Carry (8 bits for the first solution and 32 bits for the second).

The two architectures will fit in the allowed 2.5μ: the bus itself is not a problem but the second solution is compatible with a small interface (second bus with 24 bits). In fact, using a bus of only 24 bits is not very efficient because the bus is already fully used for the current operation: there is no cycle time allowed for preloading new values for the next operation (better use of the shadowed registers Z', Y'). A bus of 32 bits is optimum permitting the desired preloading.

Figure 1 describes a possible configuration for the 8 x 32 multiplier and the two relevant adders.

Figure 2 defines the interface between the coprocessor and the other components of the smart card chip.

We briefly describe an example of the use of the 32 bit bus;

- cycle 1: load X (32 bits),
- cycle 2: load Z' (32 bits),
- cycle 3: load Y' (32 bits),
- start of operation, copy Z' into Z and Y' into Y.
- cycle 4: no need of loading; output R_1,
- cycle 5: load Z' (32 bits); output R_2,
- cycle 6: load Y' (32 bits); output R_3,
- cycle 7: output R_4, output R',
- cycle 8: same as cycle 4, and so on.
- ...

Except for the beginning and the end, the basic algorithm is the repetitive use of the cycles 4 to 7. In this implementation the bus is not used in one time slot out of 4; this time slot is reserved for other use.

This architecture is well suited for most multiplication and reduction algorithms: if some negative operation is needed, the availability of the 2's complement form of some operands will be useful. Many good algorithms need only one form, either negative or positive: thus there is no penalty for the needed number of bytes in RAM or EEPROM.

4.3	**Performance Evaluation**

Preliminary simulation gives an acceleration of a factor of 6 for RSA or DSS [11] with 512 bits, without any acceleration of the clock, but with optimum use of the accessible RAM. This gives a computation time of 80 milliseconds for both RSA and DSS signatures of 512 bits, using the ISO standard clock for the smart card (3.57 MHz). This is a very good performance and shows that the coprocessor makes quasi-optimum use of the silicon area.

A RSA signature with a modulus of 1024 bits can be computed in 500 milliseconds: which is an acceptable time for many real-time applications.

5   Conclusions

A principal design goal was to take advantage of technological progress to evolve an already established and elegant architecture (P83C852) to give the maximum trade off in performance / flexibility / compatibility whilst reducing to a minimum the risk factors involved in developing a new product. In answering this goal the Philips architecture implicitly and explicitly achieves the following features essential to any successful product:

- An independent coprocessor designed to work with a family of ISO compatible smart card controllers.

- A high performance, simple, easy to program and user friendly architecture.

- A universal and flexible architecture able to efficiently execute most of the currently important PKC's using different underlying algorithms and key length.

- Built-in capability to upgrade performance required for the future.

Figure 1:

RAM
EEPROM
ROM
R'
R3 R2 R1 R0
R
32bits
Control
Unit
for
PKC´s
Operations
(commands,
counters,
pointers,
interrupts,
status,
...)
8bits
X3 X2 X1 X0
X
32bits
Y * X
40bits
Z + (Y * X)
40bits
C + Z + (Y * X)
Y'
Y3 Y2 Y1 Y0
Y
8bits
Z'
Z3 Z2 Z1 Z0
Z
8bits
32bits
CARRY
32bits

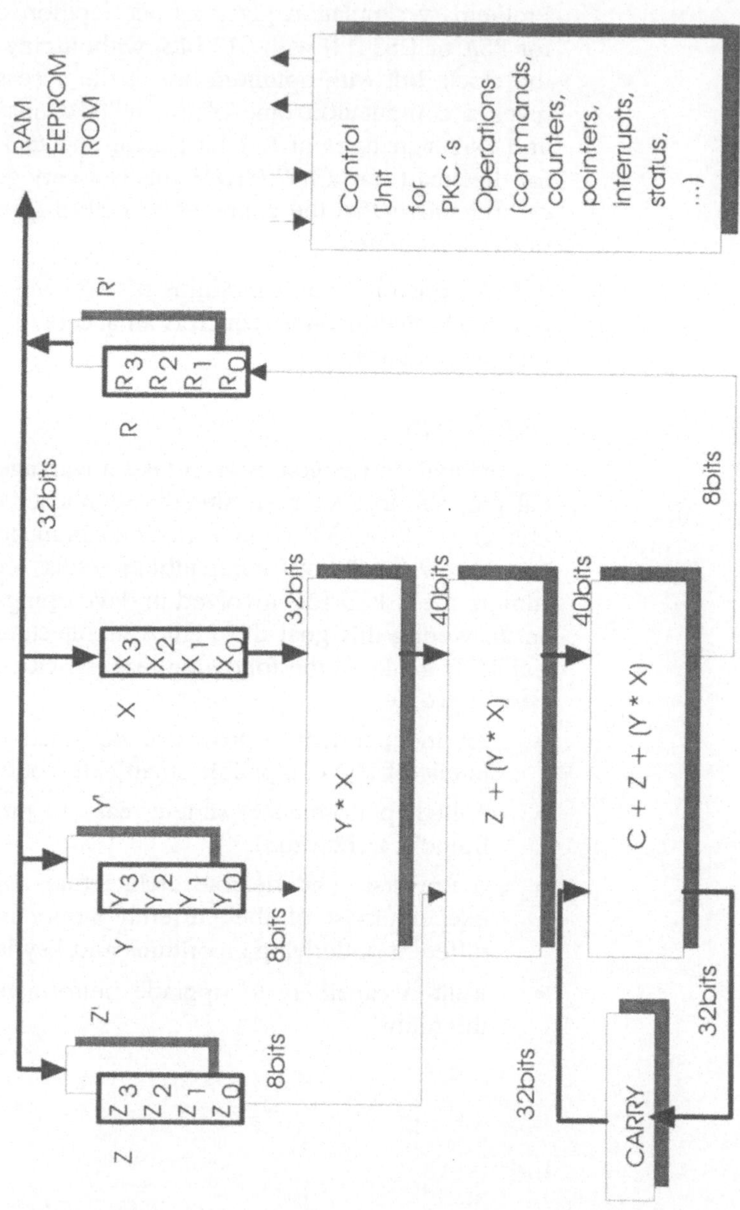

Figure 2:

bus 2 (32bits)
bus 1 (8bits)
XRAM
IRAM
ROM
EEPROM
Rz
Rz
R
X
Y
Z
coprocessor
Rx
R2
R1
CPU

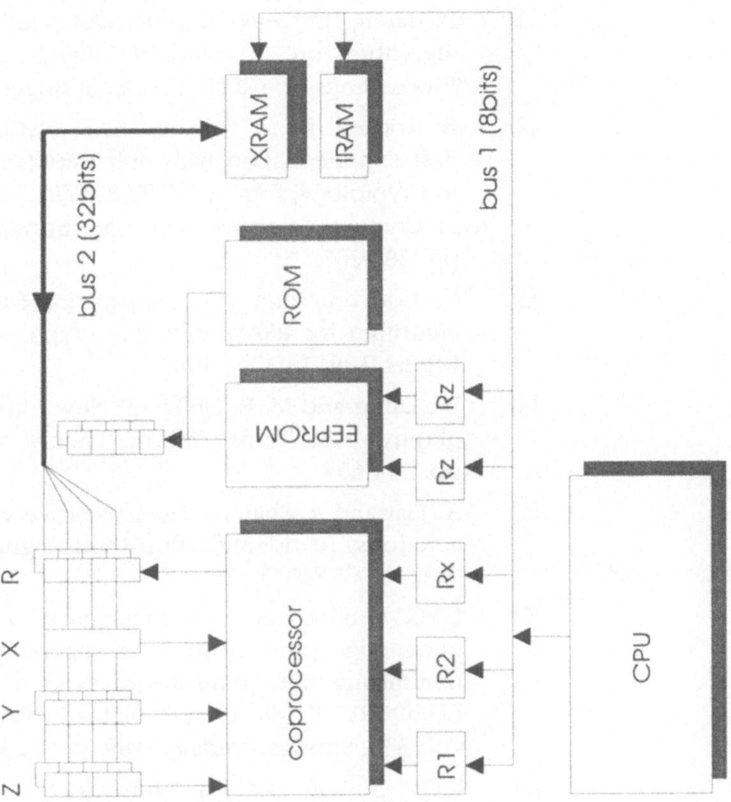

References

[1]   P. Barett, Implementing the RSA public key encryption algorithm on a standard digital signal processor, Proceedings of CRYPTO ' 86. Springer-Verlag.

[2]   E. Brickell, D. M. Gordon, K. S. McCurley, D. Wilson, Fast exponentiation with precomputation, in Advances in Cryptology, Proc. of EUROCRYPT ' 92, Lecture Notes in Computer Science, vol. 658, Springer-Verlag, 1993, pp. 200-207.

[3]   C. Couvreur and J.-J. Quisquater, Fast decipherment algorithm for RSA public key cryptosystem, Electronic Letters, Vol. 18, Oct. 1982.

[4]   W. Diffie and M. E. Hellman: New directions in cryptography, IEEE Trans. Inform. Theory, vol. IT-22, 1976, pp. 644-654.

[5]   A. Fiat and A. Shamir, How to prove yourself: Practical solutions to identification and signature problems, Proc. of CRYPTO ' 88.

[6]   L. C. Guillou and J.-J. Quisquater, A practical zero-knowledge protocol fitted to security microprocessors minimizing both transmission and memory, Proc. of EUROCRYPT ' 88, Lecture Notes in Computer Science, vol. 330, Springer-Verlag, 1989, pp. 123--128.

[7]   L. C. Guillou and J.-J. Quisquater, A ``paradoxical'' identity-based signature scheme resulting from zero-knowledge, Proc. of CRYPTO ' 88, Lecture Notes in Computer Science, Springer-Verlag, 1989, pp. 216-231.

[8]   L. C. Guillou, M. Ugon and J.-J. Quisquater, The Smart Card: A Standardized Security Device Dedicated to Public Cryptology, in Gus J. Simmons (Editor) Contemporary cryptology. The science of information integrity, IEEE Press, 1992, pp. 561-613.

[9]   D. Knuth, The Art of Computer Programming, Semi-numerical Algorithms, Vol. 2, 1981.

[10] P. L. Montgomery, Modular multiplication without trial division, Math. of Computation, Vol.44, 1985.

[11] NIST: FIPS 186 for Digital Signature Standard (DSS).

[12] Philips Semiconductor Microcontroller Products, 83C852 product specification.

[13] R. Rivest, A. Shamir and L. Adleman, A method for obtaining digital signatures and public-key cryptosystems, Commun. ACM, vol. 21, pp. 120-126, 1978.

IV   Normen und Standards

G. Meister
B. Struif

ISO/IEC 7816 - Sicherheitsfunktionen und Sicherheitskommandos

1 Einleitung

Smart Cards sind ideale persönliche Sicherheitsinstrumente. Die verfügbaren Sicherheitsmerkmale und Sicherheitsfunktionen lassen sich entsprechend der Realisierungsumgebung in drei Gruppen einteilen (siehe Abbildung):

- Sicherheitsmerkmale auf dem Plastikkörper als Träger des Chips

- Hardware-Sicherheitsmerkmale und Sicherheitsfunktionen auf dem Chip

- Sicherheitsmerkmale und Sicherheitsfunktionen im Chip-Betriebssystem.

Die sicherheitsbezogenen Ausführungen in der Normungsreihe ISO/IEC 7816 (Identification cards - Integrated circuit(s) cards with contacts) befassen sich mit jenen Sicherheitsmerkmalen und Sicherheitsfunktionen, die an der Schnittstelle zu einer Smart Card sichtbar werden und daher von Chip-Betriebssystemen bereitzustellen bzw. zu unterstützen sind. Auf diese soll im Folgenden näher eingegangen werden.

Abb. 1 gibt einen
Überblick über
die genannten
Gruppen.

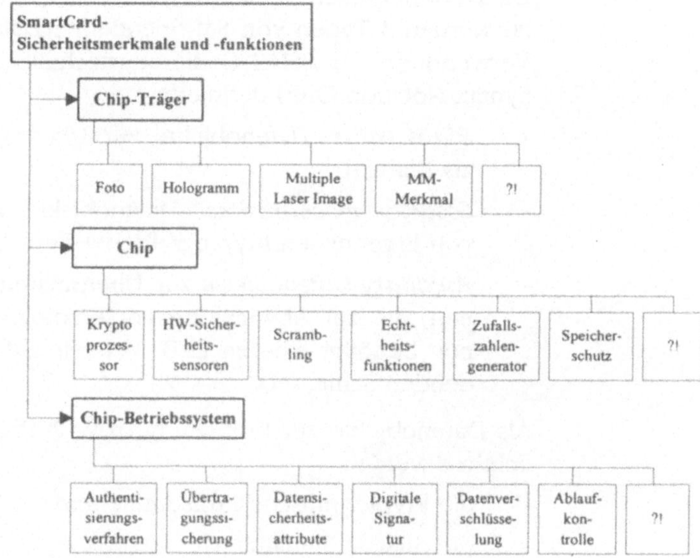

2 ISO/IEC 7816-4 Sicherheitsfunktionen und Sicherheitskommandos

In Teil 4 des ISO/IEC 7816-Standards (Inter-industry commands for interchange) sind folgende Ausführungen zum Thema Sicherheit zu finden:

- allgemeine Hinweise zur Sicherheitsarchitektur einer Smart Card und zu File-Sicherheitsattributen

- Beschreibung der Funktionen und der Datenelemente zur gesicherten Datenübertragung (Secure Messaging)

- Definition von Kommandos zur Realisierung von Grundfunktionen zur Authentisierung.

2.1 Funktionen und Datenelemente zur gesicherten Datenübertragung

Das Ziel von Secure Messaging (SM) ist, Nachrichten - also Chipkarten-Kommandos und zugehörige Antworten - auf dem Weg zur und von der Smart Card durch Sicherheitsfunktionen zur Erreichung von Data Authentication (Datenechtheit) und Data Confidentiality (Datenvertraulichkeit) zu schützen. Hierzu werden 3 Typen von SM-orientierten Datenobjekten unter Verwendung der ASN.1-Codierungstechnik (ASN.1 = Abstract Syntax Notation One) definiert:

- *Plain value* -Datenobjekte zur Übertragung von Daten als Klartext

- *Security mechanisims* -Datenobjekte zur Übertragung von Ergebnissen kryptografischer Berechnungen

- *Auxiliary-Datenobjekte* zur Übertragung von Informationen, die zur Abwicklung der kryptografischen Funktionen benötigt werden (z.B. Verweis auf den zu verwendenden Schlüssel).

Als Datenobjekte zur Erreichung bzw. Prüfbarkeit der Datenechtheit werden

- die kryptografische Prüfsumme und

- die digitale Signatur

spezifiziert.

Als Datenobjekte zur Erreichung der Datenvertraulichkeit werden

- Kryptogramme ohne Padding und

- Kryptogramme mit Padding

beschrieben. SM-Datenobjekte sind im Datenfeld eines Chipkarten-Kommandos bzw. im Datenfeld der Response zu finden und erlauben, jedes beliebige Smart Card-Kommando und seine Rückantwort mit den nötigen Schutzfunktionen zu versehen.

2.2 Kommandos zur Realisierung von Grundfunktionen zur Authentisierung

In ISO/IEC 7816-4 sind folgende sicherheitsrelevanten Kommandos definiert:

- VERIFY

- GET CHALLENGE

- INTERNAL AUTHENTICATE und
- EXTERNAL AUTHENTICATE

Das VERIFY-Kommando dient zur Überprufung von Verification Data, also z.B. einer Personal Identification Number (PIN). Auf die Darstellung weiterer Einzelheiten soll an dieser Stelle verzichtet werden.

Wie in [2] gezeigt wird, können dynamische Authentisierungsprotokolle, wie sie in ISO/IEC 9798-2/3 dargestellt werden, durch eine Folge von Smart Card Kommandos beschrieben werden. Die dazu benötigten Authentisierungstoken lassen sich durch die in [2] vom Ablauf beschriebene Funktionen wie Mutual Authenticate, Internal Authenticate, Internal Authenticate Master, External Authenticate, External Authenticate Master, Mutual Authenticate Master /1/, Mutual Authenticate Master /2/ übertragen. Diese Funktionen sind, bis auf MUTUAL AUTHENTICATE, parametergesteuert auf die Authentisierungskommandos, INTERNAL AUTHENTICATE und EXTERNAL AUTHENTICATE, abbildbar, wobei diese dem Basis Command Set der Interindustry Kommandos zugehören. Die Abbildung der MUTUAL AUTHENTICATE Funktionalität auf eine 7816-Kommando- Antwortstruktur wird in der Task Force 7 zur Zeit diskutiert und wird daher in Abschnitt 3 behandelt. Da die MUTUAL AUTHENTICATE MASTER Funktionalitäten inhaltlich damit verknüpft sind, werden diese ebenso erst in Abschnitt 3 dargestellt.

Tabelle 1:   INTERNAL AUTHENTICATE Kommando und Antwort

CLA	entspr. ISO/IEC 7816-4
INS	´88´
P1	Algorithmusreferenz
P2	Referenz auf den Schlüssel (KID)
Lc	Länge des Datenfeldes
Data field	Token für Authentisierung, z.B. Zufallszahl

Data field	Token für Authentisierung z.B. Response zur Zufallszahl
SW1	´90´
SW2	´00´

Die **INTERNAL AUTHENTICATE Funktion** ist vom Ablauf her in [2] 1.1 beschrieben. Im Prinzip wird im Kommando eine Zufallszahl vom überprüfenden Partner geschickt, hier das Interface Device (IFD), in der Antwort berechnet die Karte (ICC) ein Token, das unter anderem diese Zufallszahl enthält, diese wird entweder verschlüsselt mit einem symmetrischen Schlüssel oder signiert übertragen. Im gleichnamigen Kommando kann im Parameter P1 diese Funktionalität gekennzeichnet werden. Eine andere Möglichkeit besteht darin, unterschiedliche Funktionalitäten (oder auch Algorithmen, Schlüsselidentifier e.t.c.) durch eine Kodierung als Datenobjekte im Datenfeld des Kommandos oder der Antwort auszudrücken. Ist P1=0, so ist die Wahl der Funktion implizit oder erfolgt in einem *Tag Length Value* (TLV)-Format im Datenteil innerhalb des Control Reference Daten Objekts (vergl. ISO/IEC 7816-4). Das Authentisierungstoken wird dann gemäß 7816-6 innerhalb eines entsprechenden Templates dargestellt. Auf diese Möglichkeit soll an dieser Stelle jedoch nur verwiesen werden.

Das Protokoll der **INTERNAL AUTHENTICATE MASTER** Funktion ist in [2], 1.5 wiedergegeben und behandelt die Kommunikation zwischen zwei Karten, beide Kommandoempfänger. Sie entspricht einem INTERNAL AUTHENTICATE mit umgekehrtem Master-Slave-Verhalten und läßt sich entsprechend der INTERNAL AUTHENTICATE Funktion im Parameter P1 kennzeichnen.

Tabelle 2: EXTERNAL AUTHENTICATE Kommando und Antwort

CLA	entspr. ISO/IEC 7816-4
INS	´82´
P1	Algorithmusreferenz
P2	Referenz auf den Schlüssel (KID)
Lc	Länge des Datenfeldes
Data field	Authentisierungsdaten z.B.Response zu RND

SW1	´90´
SW2	´00´

Bei dem EXTERNAL AUTHENTICATE Kommando findet in der Regel zuvor ein Anfordern einer Zufallszahl statt. Dies kann durch ein GET CHALLENGE oder aber im Rahmen eines INTERNAL AUTHENTICATE Kommandos (siehe MUTUAL AUTHENTICATE /1/, /2/) erfolgen.

Die **EXTERNAL AUTHENTICATE MASTER** Funktion dient der Kommunikation zweier Karten, beide Kommandoempfänger, und ist von ihrer Funktionalität in [2] 1.4 beschrieben. Sie läßt sich durch eine entsprechende Wahl in P1 kennzeichnen und entspricht einer EXTERNAL AUTHENTICATE Funktion, nur mit vertauschten Rollen im Master-Slave Verhalten.

3   ISO/IEC 7816-X Sicherheitsfunktionen und Sicherheitskommandos

Die Task Force 7 hat von ISO/IEC JTC1/SC17/WG4 den Auftrag erhalten, zwei New Work Items zu bearbeiten, die zu weiteren Teilen des ISO/IEC 7816-Standards führen:

- Inter-industry enhanced security architecture and functions

- Inter-industry enhanced commands.

Da bisher mit der Erstellung eines Working Draft nocht nicht begonnen wurde, sollen im folgenden die wichtigsten DIN NI-17.4-Vorschläge zum Themenbereich Sicherheitsfunktionen und Sicherheitskommandos kurz dargestellt werden.

3.1 Sicherheitskommandos

Der Basis-Kommandosatz der Inter-Industry Commands for Interchange ist nicht ausreichend, um inzwischen typische Dienstleistungen der Karte als Standard zur Verfügung zu stellen, wie zum Beispiel das Signieren und Verifizieren von Dokumenten, Keymanagementdienste wie das Ändern oder Ein/Ausschalten einer Personal Identification Number (PIN) oder wie in [2] angesprochen, die gegenseitige Authentisierung der Karte mit einem externen Partner innerhalb einer Kommando-Antwort-Sequenz. Daher wird zur Zeit innerhalb der TF7 diskutiert, wie eine entsprechende Umsetzung in einem Standard realisiert werden könnte.

Der Vorschlag der deutschen Experten besteht in einer Anlehnung an bereits bei ETSI vorhandene Kommandos im Hinblick auf das PIN-Management, in einer Erweiterung des GET CHALLENGE Kommandos zu einem EXCHANGE CHALLENGE, dem Austausch von Zufallszahlen von Karte und externem Partner innerhalb einer Kommando-Antwort-Sequenz, Kommandos zur Schlüsselgenerierung und Verteilung und die bereits angesprochenen Kommandos, die zusätzliche Authentisierungs- und Signaturdienste bereitstellen. Diese bestehen in einer Erweiterung des INTERNAL AUTHENTICATE und EXTERNAL AUTHENTICATE Kommandos zu einem COMPUTE SECURITY FUNCTION Kommando und entsprechend VERIFY SECURITY FUNCTION Kommando.

Tabelle 3: COPUTE SECURITY FUNCTION Kommando

CLA	entspr. ISO/IEC 7816-4
INS	´88´
P1	Funktionsindikator
P2	Schlüsselreferenz
Lc	Länge des Datenfeldes
Data field	Zu berechnende oder in den Berechnungs- prozeß zu integrierende Daten
Le	Länge der zu erwartenden Antwort

Data field	Berechnete Daten
SW1	Status byte1
SW2	Status byte 2

Tabelle 4: VERIFY SECURITY FUNCTION

CLA	entspr. ISO/IEC 7816-4
INS	´82´
P1	Funktionsindikator
P2	Schlüsselreferenz
Lc	Länge des Datenfeldes
Data field	Daten, die mit dem Verifikationsprozeß in Verbindung stehen

Data field	leer
SW1	Status byte1
SW2	Status byte 2

3.1.1 Authentisierungskommandos

Im folgenden wird gezeigt, wie sich die bereits angesprochenen Basis-Funktionen und die MUTUAL AUTHENTICATE Funktionen in ein COMPUTE bzw. VERIFY SECURITY

FUNCTION Kommando einordnen lassen. Das in 2.1 beschriebene INTERNAL AUTHENTICATE Kommando kann durch Setzen des Funktionsindikators ´1x´ gekennzeichnet werden. Der zu verwendende Algorithmus und Protokollablauf (siehe [2]) ist dann entweder implizit (x=0) festzulegen, kann im unteren Nibble des Funktionsindikators beschrieben oder im Datenteil innerhalb eines Control Reference Objekts bestimmt werden, wobei dann ebenfalls das Authentisierungstoken in ein entsprechendes TLV-Format eingebunden wird.

Vor der Ausführung der **MUTUAL AUTHENTICATE** Funktion findet in der Regel das Anfordern einer Zufallszahl von der Karte statt. Dies kann durch ein GET CHALLENGE Kommando geschehen. Dann wird ein verschlüsseltes oder signiertes Token übertragen, das die Zufallszahl vom IFD und von der ICC enthält. In der Antwort werden diese innerhalb eines mit dem gleichen Schlüssel verschlüsselten bzw. signierten Token übertragen. Von der Struktur her integriert das MUTUAL AUTHENTICATE Kommando die INTERNAL AUTHENTICATE Funktion und die EXTERNAL AUTHENTICATE Funktion. Die Vorteile einer solchen Integration, abgesehen vom offensichtlichen Performance Gewinn, werden in [2] dargestellt. Die MUTUAL AUTHENTICATE Funktion läßt sich in ein COMPUTE SECURITY FUNCTION Kommando integrieren. Im Datenfeld werden wie in der Antwort Authentisierungsdaten übertragen. Der Funktionsindikator kann auf ´20´ gesetzt werden.

Das in Abschnitt 2 beschriebene **EXTERNAL AUTHENTICATE** Kommando läßt sich ganz analog zu INTERNAL AUTHENTICATE auf das VERIFY SECURITY FUNCTION Kommando mit Funktionsindikator (´1x´) abbilden.

Die in [2] beschriebenen **MUTUAL AUTHENTICATE MASTER** Funktionen dienen der gegenseitigen Authentisierung von zwei Karten, die beide nur Kommandos empfangen können. Sie lassen sich auf die INTERNAL AUTHENTICATE bzw. EXTERNAL AUTHENTICATE Funktion abbilden und ebenfalls durch entsprechendes Setzen des unteren Nibbles des Funktionsidikators mit jeweils oberem Nibble ´1x´ kennzeichnen.

Im Prinzip entspricht der Protokollablauf einer MUTUAL AU-THENTICATE Funktionalität nur mit vertauschten Rollen und mit zwei Kommandosequenzen anstatt eines Kommandos.

3.1.2   **Signatur-Kommandos**

Um eine digitale Signatur Anwendung anzusprechen, sind mindestens drei Funktionen notwendig, die hier vorgestellt werden: COMPUTE SIGNATURE, VERIFY SIGNATURE, VE-RIFY CERTIFICATE. Andere Sicherheitsdienstleistungen wie z.B. die HASH-Berechnung, MAC-Berechnung und/oder Verifikation, Verschlüsselung, Entschlüsseln von Daten, e.t.c. lassen sich ebenfalls durch ein COMPUTE SECURITY FUNCTI-ON Kommando bzw. ein VERIFY SECURITY FUNCTION Kommando darstellen. An dieser Stelle werden jedoch nur die erst genannten Funktionen ausgeführt, da sie für die digitale Signatur Anwendung von größtem Interesse sind und deren Förderung TELETRUST als eines seiner Hauptziele formuliert hat.

Die **COMPUTE SIGNATURE** Funktion läßt sich in das COM-PUTE SECURITY FUNCTION Kommando integrieren, wobei die zu signierenden Daten im Datenfeld des Kommandos übertragen werden. Falls der zu verwendende Algorithmus ein reiner Signaturalgorithmus ist, besteht das Datenfeld aus einem Hashwert. Andernfalls werden die Daten zuvor noch einer Hashberechnung unterzogen. Die Anzeige des Algorithmus kann entweder durch das untere Nibble des Funktionsindikators oder im Datenfeld innerhalb des Control Reference Daten Objekts festgelegt werden, wobei dann die zu signierenden Daten ebenfalls durch ein TLV-Objekt entsprechend 7816 zu sichern sind.

Tabelle 5: COMPUTE SIGNATURE

CLA	entspr. ISO/IEC 7816-4
INS	´88´
P1	Funktionsindikator ´4x´
P2	Schlüsselreferenz
Lc	Länge des Datenfeldes
Data field	Zu signierende oder in den Siegnierprozeß zu integrierende Daten
Le	Länge der zu erwartenden Antwort

Data field	Signatur
SW1	Status byte1
SW2	Status byte 2

Die **VERIFY SIGNATURE** Funktion initiiert die Verifikation einer digitalen Signatur in der Karte; die für die Verifikation erforderlichen Daten werden im Datenteil versandt. Die VERIFY SIGNATURE Funktion läßt sich auf ein VERIFY SECURITY FUNCTION mit Funktionsindikator ´4x´ abbilden.

Tabelle 6: VERIFY SIGNATURE

CLA	entspr. ISO/IEC 7816-4
INS	´82´
P1	Funktionsindikator ´4x´
P2	Referenz auf den öffentlichen Schlüssel in der Karte
Lc	Länge des Datenfeldes
Data field	Daten, die mit dem Verifikationsprozeß in Verbindung stehen

Data field	leer
SW1	Status byte1
SW2	Status byte 2

Die **VERIFY CERTIFICATE** Funktion initiiert die Verifikation eines Zertifikates, wobei der im Zertifikat gespeicherte öffentliche Schlüssel zur weiteren Verwendung implizit oder in Form eines TLV-Objektes gespeichert wird und in einem folgenden VERIFY SIGNATURE verwendet werden kann. Diese Funktion läßt sich auf das VERIFY SECURITY FUNCTION Kommando abbilden.

Tabelle 7: VERIFY CERTIFICATE

CLA	wie in 7816-4/ 5.4.1
INS	´82´
P1	Funktionsindikator ´5x´
P2	Referenz auf den öffentlichen Schlüssel, der im Verifikationsprozeß genutzt wird
Lc	Länge des Zertifikats
Data field	Zertifikat

Data field	leer
SW1	Status byte1
SW2	Status byte 2

3.2 Zugriffskontroll-Mechanismen

Als Bestandteil der Inter-industry enhanced commands sollen auch Datenbank-Kommandos mit speziellen Zugriffskontroll-Mechanismen auf Daten standardisiert werden. Der konzeptionelle Ansatz geht dabei davon aus, daß ein Subset der SQL-Kommandos (SQL = Structured Query Language) als sog. SCQL commands (SCQL = Structured Card Query Language) realisiert werden. Dieser Ansatz ergänzt das in ISO/IEC 7816-4 definierte Daten- und File-Konzept, so daß Smart Cards auch als Komponente eines verteilten Datenbank-Systems eingesetzt werden können (siehe Abbildung).

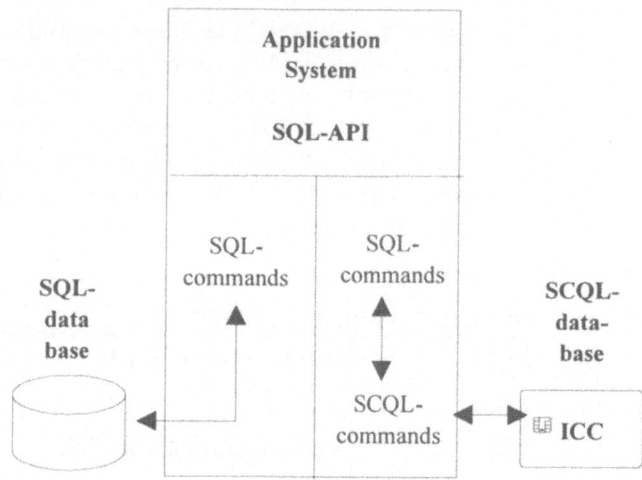

Von besonderer Bedeutung sind hierbei die ausgefeilten Zugriffskontroll-Mechanismen auf die in einer SCQL-Datenbank gespeicherten Datenobjekte. Diese werden in sog. Tables abgelegt, auf die verschiedenartige Zugriffsbeschränkungen realisiert werden können, die als Views bezeichnet werden. Über eine sog. Privilege Description Table wird bei SCQL-Datenbanken festgelegt, wer Zugriff auf welche Tabellen und welche Views hat und welche Aktionen (Einfügen, Lesen, Modifizieren, Löschen) der betreffende Benutzer ausführen darf.

Darüber hinaus wird vorgeschlagen, auch für Files und in Files gespeicherte Datenobjekte sog. Access Control Objects zu definieren, um die gestiegenen Anforderungen an Zugriffskontroll-Mechanismen erfüllen zu können.

Literatur

[1] ISO/IEC 7816-4:1995 Information technology – Identification cards – Integrated circuit(s) cards with contacts. Part 4: Inter-industry commands for interchange.

[2] G.Meister, E. Johnson, Schlüsselmanagement und Sicherheitsprotokolle gemäß ISO/SC 27 - Standards in Smart Card - Umgebungen

[3] Bruno Struif, Identifizierung, Authentifizierung und Autorisierung, Smart Card Workshop 95 in Darmstadt

G. Meister
E. Johnson

2

Schlüsselmanagement und Sicherheitsprotokolle gemäß ISO/SC 27 - Standards in Smart Card - Umgebungen

1   Einleitung

Die in ISO/IEC SC 27 definierten Authentisierungs-Protokolle und Schlüssel-Agreement bzw. Transport-Protokolle sind auch für Smart Card Umgebungen anwendbar. Gerade die Smart Card bietet sich als geeignetes Instrument an, Zugangskontrolle und Zugriff auf Daten sowie eine gesicherte Datenübertragung von und zur Karte zu regeln. Dazu werden Schlüssel verwendet. Diese lassen sich aus gespeicherten und jeweils pro Session neu kreierten Zufallszahlen bilden und gemäß SC 27 standardisierten Verfahrens der Karte von einem externen Partner übermitteln, wie z.B. von einem Smart Card Terminal, einem Host-System oder auch indirekt von einer anderen Karte.

2   Authentisierungsprotokolle

Authentisierungsprotokolle, die die Eigenschaft haben, pro Session unterschiedliche Token zu beinhalten, nennt man dynamisch, im Gegensatz zu statischen Verfahren, bei denen jeweils die gleichen Token ausgelesen werden. Für statische Verfahren ist keine Berechnung in der Karte erforderlich, sie können allerdings leicht durch einen Replay-Angriff vorgetäuscht werden. Beispielsweise kann der Unterschied jeweils durch eine angehängte Zufallszahl ausgedrückt werden.

Die folgenden Abschnitte zeigen pro Klasse einen Vertreter von dynamischen Authentisierungsprotokollen, die in Smart Card Anwendungen verwendet werden können.

Die für die Übertragung der Token verwendeten Smart Card Kommandos sind den Basis-Kommandos aus ISO/IEC 7816-4 entnommen, bzw. den dem SC17 vorgeschlagenen erweiterten Kommandosatz, siehe [4]. Die Durchführung des Protokolls setzt eine Prozessorchipkarte voraus, die Zufallszahlen erzeugen kann und fähig ist, einen symmetrischen, bzw. asymmetrischen Algorithmus auszuführen. In der Regel werden von der in der Smart Card gespeicherten Datensatz (z.B. Kartendaten oder Benutzeridentität) abgeleitete Schlüssel verwendet, so daß nur der externe Partner, das IFD, über die Masterschlüssel verfügt und pro Karte unterschiedliche Schlüssel Verwendung finden. Dieser Datensatz kann von der Karte beispielsweise mit einem GET DATA Kommando gelesen werden

Im vorliegenden Papier werden die folgenden Abkürzungen verwendet: *ICC* für Smart Card (Integrated circuit card), *ID$_x$* für die Identität eines Teilnehmers *x*, *IFD* für den extern Partner der Karte (Interface device), $d_k()$ für einen symmetrische Entschlüsselungsalgorithmus unter Benutzung des Schlüssels *k*, $e_k()$ für eine symmetrische Verschlüsselungsalgorithmus unter Benutzen des Schlüssels, *Cert$_x$* für das Zertifikat des öffentlichen Schlüssels von *x*, *pub$_x$()* für einen asymmetrischen Verschlüsselungs- bzw. Verifikationsalgorithmus unter Benutzung des Schlüssels *k*, *sig$_x$()* für einen asymmetrischen Entschlüsselungs- bzw. Signaturalgorithmus unter Benutzung des Schlüssels *k*, *R$_x$* für eine gesendete Zufallszahl von *x*, *SES* für eine Zufallszahl, die bei der Generierung als Secure Messaging Session Schlüssel verwendet wird, *SSC* als Secure Sequence Counter als Zähler für mit Secure Messaging abgesicherte Kommandos.

2.1 Einseitige Authentisierung des ICC durch das IFD

Da die Smart Card in der Regel nur eine Slave-Funktion einnimmt, d.h. sie empfängt nur Kommandos und antwortet darauf, muß im Protokollablauf dem Rechnung getragen werden. In dem skizzierten Protokollabläufen (siehe Abbildungen) sind die Smart Card Kommandos jeweils am Rand aufgeführt (Die jeweilige Codierung ist dem Beitrag [4] zu entnehmen).

Im Prinzip wird eine Zufallszahl vom zu überprüfenden Partner geschickt, hier das IFD, die Karte berechnet ein Token, das diese Zufallszahl enthält, zusätzlich noch einen Identifier, der den Empfänger des Token kennzeichnet und einen Text. Der übertragene Text kann dazu dienen, eine Zufallszahl zur Generierung eines Sessionkeys oder / und einen Zähler zu übertragen (siehe [1]). Diese Zufallszahlen können dann, sofern sie verschlüsselt wie im symmetrischen Fall übertragen werden, als Schlüssel eingesetzt werden, um sessionabghängig die Übertragung zu sichern. Eine andere Alternative besteht darin, Sessionkeys aus einen beiden Partnern bekannten Schlüssel und der neuen Zufallszahl zu bilden.

Nach ISO/IEC 7816-4 werden Dienste, die die gesicherte Übertragung von Daten beinhalten, unter dem Begriff Secure Messaging beschrieben. ISO/IEC 11770 führt Schlüssel-Agreement und Transportprotokolle auf. Dabei beschreibt Teil 2 symmetrische Protokolle, Teil 3 beschreibt asymmetrische. Das hier vorgestellte Protokoll entspricht einerseits der "Two Pass Unilateral Authentication" in ISO/IEC 9798-2/3 und einem Transportprotokoll gemäß ISO/IEC 11770-2/3.

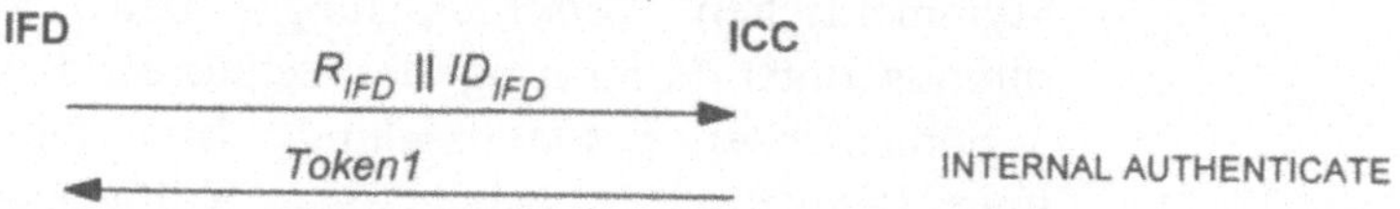

Symmetrischer Fall

$$Token1 = ID_{ICC} \parallel e_K(R_{IFD} \parallel ID_{IFD} \parallel Text2)$$

Asymmetrischer Fall

$$Token1 = Cert_{ICC} \| R_{ICC} \| R_{IFD} \| ID_{IFD} \| sig_{ICC}(R_{ICC} \| R_{IFD} \| ID_{IFD})$$

2.2 Einseitige Authentisierung des IFD durch die ICC

Der Protokollablauf ist wie der unter 2.1 beschrieben, nur die Partner tauschen die Sender- und Empfängerrolle.

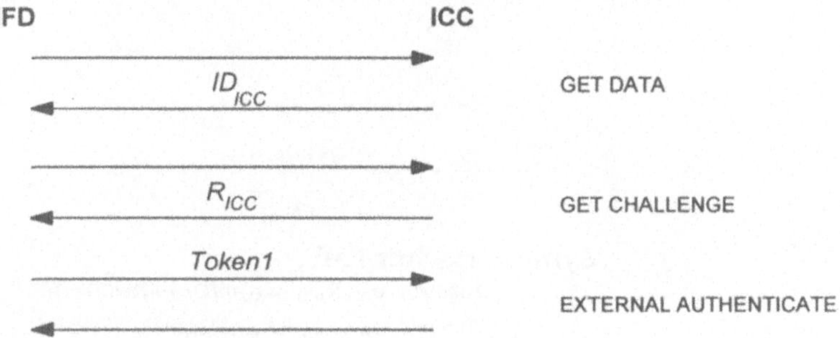

Symmetrischer Fall

$$Token1 = e_K(R_{ICC} \| ID_{ICC} \| Text2)$$

Asymmetrischer Fall

$$Token1 = Cert_{IFD} \| R_{IFD} \| R_{ICC} \| ID_{ICC} \| sig_{IFD}(R_{IFD} \| R_{ICC} \| ID_{ICC})$$

2.3 Gegenseitige Authentisierung des ICC und des IFD

Die gegenseitige Authentisierung beruht auf der "Three Pass Mutual Authentication" in der ISO-Vorlage und entspricht ebenso einem Schlüssel-Transportprotokoll nach ISO/IEC 11770-2/3. Durch Smart Card Kommandos kann sie durch ein GET CHALLENGE und ein MUTUAL AUTHENTICATE (siehe [4]) umgesetzt werden. Der große Vorteil einer gegenseitigen Authentisierung besteht einerseits darin, daß die ausgetauschte Zufallszahl des externen Partners und die Textfelder geheim bleiben. Das hat den Vorteil, daß man nicht ganze Authentisierungsprotokolle vorspielen kann. Andererseits ist es mit diesem Protokoll möglich Sessionkeys aus den in beiden Textfeldern übertragenen Zufallszahlen zusammenzusetzen, so daß ein Partner dem anderen nicht eine alte Sequenz vorspielen kann.

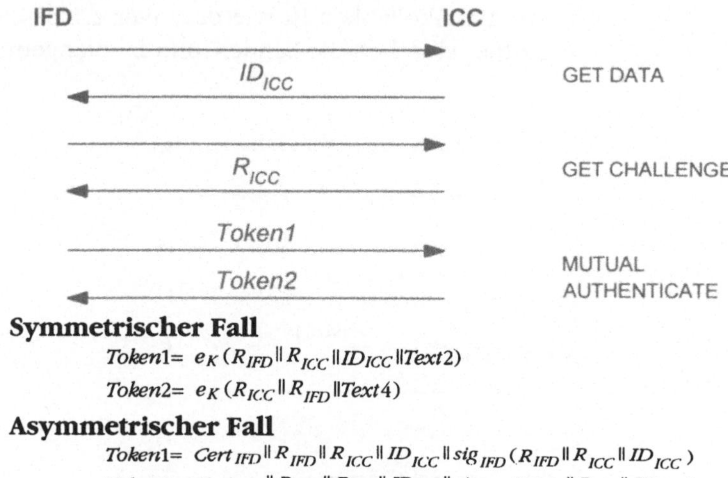

Symmetrischer Fall

$$\text{Token1} = e_K\,(R_{IFD} \| R_{ICC} \| ID_{ICC} \| Text2)$$

$$\text{Token2} = e_K\,(R_{ICC} \| R_{IFD} \| Text4)$$

Asymmetrischer Fall

$$\text{Token1} = Cert_{IFD} \| R_{IFD} \| R_{ICC} \| ID_{ICC} \| sig_{IFD}\,(R_{IFD} \| R_{ICC} \| ID_{ICC})$$

$$\text{Token2} = Cert_{ICC} \| R_{ICC} \| R_{IFD} \| ID_{IFD} \| sig_{ICC}\,(R_{ICC} \| R_{IFD} \| ID_{IFD})$$

In den Textfeldern *Text2* und *Text4* können Zufallszahlen für den Aufbau der Sessionschlüssel *SES* bzw. dem Zähler *SSC* für Secure Messaging übertragen werden.

2.4 Einseitige Authentisierung einer Slave ICC durch eine Master ICC

Sind zwei Karten am Authentisierungsprozeß beteiligt, so braucht man einen zusätzlichen Beteiligten, sozusagen ein Steuerinstrument, um den Protokollablauf einer einseitigen Authentisierung in entsprechende Smart Card Kommandos umzusetzen. Dieses Steuerinstrument kann ein Host oder aber auch ein intelligentes Terminal sein. Die entsprechenden Smart Card Funktionen und ihre Umsetzung in Smart Card Kommandos werden in dem Beitrag [4] beschrieben.

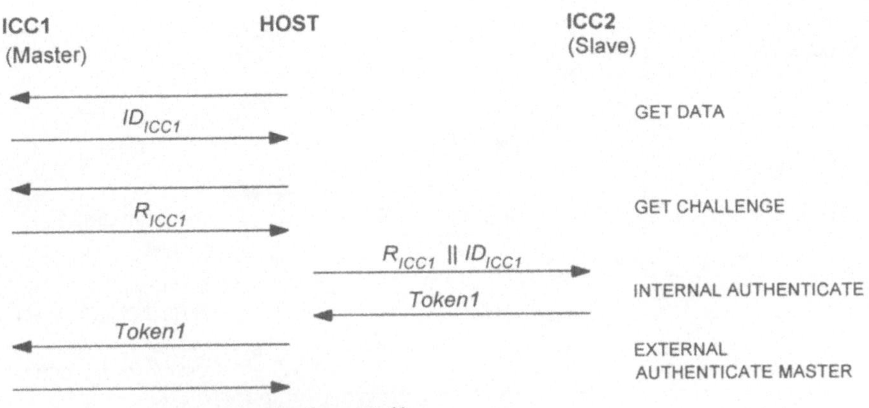

Symmetrischer Fall

$$Token1 = ID_{ICC2} \| e_K(R_{ICC1} \| ID_{ICC1})$$

Asymmetrischer Fall

$$Token1 = Cert_{ICC2} \| R_{ICC1} \| ID_{ICC1} \| sig_{ICC2}(\check{R}_{ICC1} \| ID_{ICC1})$$

2.5 Einseitige Authentisierung der Master ICC durch die Slave ICC

Entsprechend verläuft die Authentisieung im Falle daß die Master Karte authentisiert wird. Folgende Token werden im Protokoll verwendet:

Symmetrischer Fall

$$Token1 = e_K(R_{ICC2} \| ID_{ICC2} \| Text2)$$

Asymmetrischer Fall

$$Token1 = Cert_{ICC1} \| R_{ICC2} \| ID_{ICC2} \| sig_{ICC1}(R_{ICC2} \| ID_{ICC2})$$

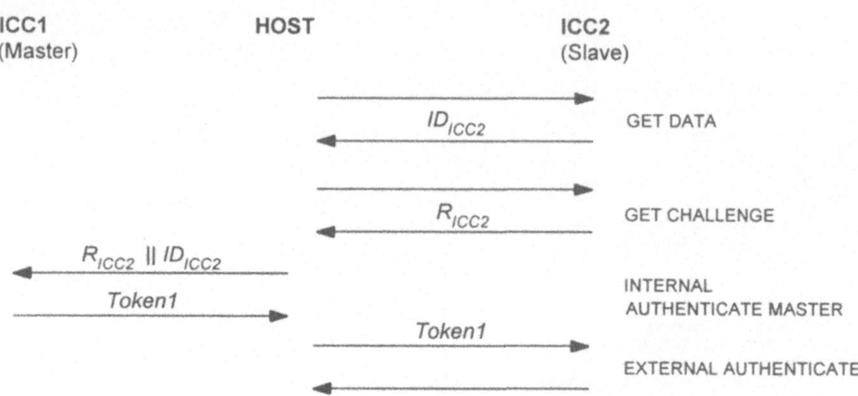

2.6 Gegenseitige Authentisierung der Slave ICC und der Master ICC

Dieses Verfahren bietet entsprechende Vorteile wie das unter 2.3 beschrieben, nur das die Rolle des IFD jetzt von der Master-Karte mit Hilfe des Host als Steuerinstrument durchgeführt wird. Es werden im Protokollablauf folgende Token verwendet:

Symmetrischer Fall

$$Token1 = e_K (R_{ICC1} \parallel R_{ICC2} \parallel ID_{ICC2} \parallel Text2)$$

$$Token2 = e_K (R_{ICC2} \parallel R_{ICC1} \parallel Text4)$$

In den Textfeldern Text2 und Text4 können Zufallszahlen für den Aufbau der Sessionschlüssel SES bzw. des Zählers SSC für Secure Messaging übertragen werden.

Asymmetrischer Fall

$$Token1 = Cert_{ICC1} \parallel R_{ICC1} \parallel R_{ICC2} \parallel ID_{ICC2} \parallel sig_{ICC1} (R_{ICC1} \parallel R_{ICC2} \parallel ID_{ICC2})$$

$$Token2 = Cert_{ICC2} \parallel R_{ICC2} \parallel R_{ICC1} \parallel ID_{ICC1} \parallel sig_{ICC2} (R_{ICC2} \parallel R_{ICC1} \parallel ID_{ICC1})$$

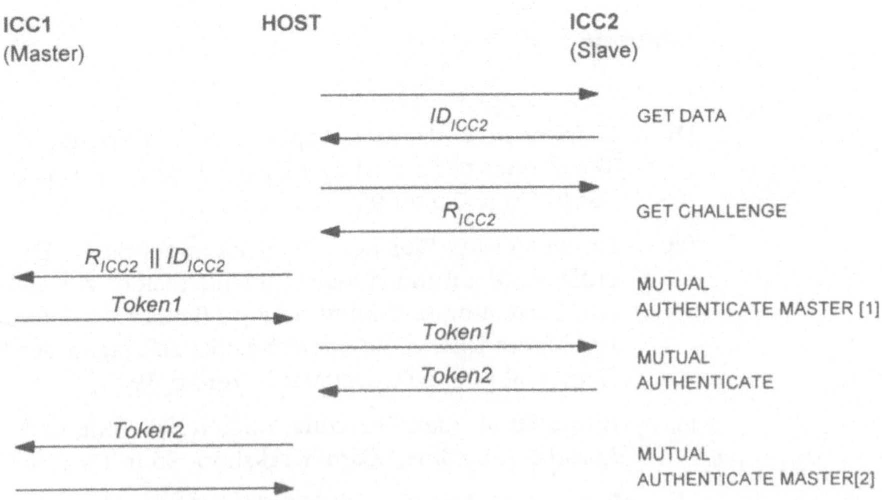

3   Anwendung der Protokolle für Smart Card Applikationen

Authentisierungsprotokolle 2.1-3 finden in Applikationen ihre Anwendung, die Zugangskontrolle bzw. Zugriffskontrolle auf gespeicherte Daten benötigen. Die Protokolle 2.4-6 werden in der gleichen Umgebung angewendet, mit dem Unterschied, das eine Master Smart Card mit Hilfe eines Steuerinstrumentes die Rolle des IFD übernimmt. Ein denkbare Realisierung liegt in einem Terminal, das als Sicherheitsmodul eine Chipkarte enthält. Eine andere Anwendung für die Protokolle 2.4 bis 2.6 findet sich in einer autorisierten Kommunikation einer Prozessorkarte mit einer Datenbankkarte (siehe [2], [3]), wie z.B. einer Professional Card mit einer Patientenkarte.

Literatur

[1] E. Johnson, G. Meister, Application of Standardised Techniques to Session Key Establishment for Smart Cards, Trust Center 95

[2] Gisela Meister, Was heißt "Patientenfreundliche Zugriffsrechte auf individuelle Patientendaten" aus Sicht von Forschung und Entwicklung?, Beitrag aus Interdisziplinärem Diskurs zu querschnittlichen Fragen der IT-Sicherheit vom BSI, SecuMedia Verlag, 1995

[3] Bruno Struif, Identifizierung, Authentifizierung und Autorisierung Smart Card Workshop ´95 in Darmstadt

[4] B. Struif, G. Meister, ISO/IEC 7816 Sicherheitsfunktionen und Sicherheitskommandos

[5] ISO/IEC 9798:1991, Information technology - Security techniques - Entity authentication mechanisms
Part 1: General Model
Part 2: Mechanism using symmetric encipherment algorithms - Security techniques-Entity authentication mechanisms,
Part 3: Entity authentication using a public-key algorithm
Part 4: Mechanism using a cryptographic check function

[6] ISO/IEC CD 11770-1:1994 Information technology - Security techniques - Key management
Part 1: Key management framework
Part 2: Mechanisms using symmetric techniques
Part 3: Mechanisms using asymmetric techniques

[7] ISO/IEC 7816-4:1995 Information technology – Identification cards – Integrated circuit(s) cards with contacts.
Part 4: Inter-industry commands for interchange.

L. Eckstein
B. Struif

3 CT-API und CT-BCS - Anwendungs-unabhängige Kartenterminal-Schnittstelle und Kartenterminal-Kommandos

Chipkarten erobern immer mehr Lebensbereiche, finden wie Computer in immer weiteren Anwendungsbereichen Verwendung. Ihre einfache Ansteuerung von einem Anwendungssystem her, in das sie zu integrieren sind, ist daher von großer Bedeutung.

Bei der Verwendung von Chipkarten in Informations- und Verarbeitungssystemen ist es außerdem mehr und mehr erforderlich, eine größtmögliche Unabhängigkeit von einer speziellen herstellerspezifischen Chipkarten- und Kartenterminal-Technik zu erzielen, da Systeme (Chipkarte (ICC) / Kartenterminal (CT)) der verschiedensten Hersteller zum Einsatz kommen können. Eine einfache technische Integration der Chipkarte und somit auch des Kartenterminals ist jedoch nur möglich, wenn einheitliche, herstellerunabhängige Schnittstellen zur Verfügung stehen. Da hierzu keine umfassenden Standards vorliegen, wurde - vom Gesundheitswesen als einen der wesentlichen Bedarfsträgern initiiert - eine Spezifikation für 'Multifunktionale KartenTerminals (MKT)' [4] ausgearbeitet. Diese MKT-Spezifikation, offen für eine Vielzahl von Anwendungen, umfaßt folgende Teile:

1.   MKT-Basiskonzept

2. CT-ICC-Interface - Schnittstelle multifunktionaler Kartenterminals für kontaktorientierte Chipkarten mit synchroner und asynchroner Übertragung

3. CT-API - Anwendungsunabhängiges CardTerminal Application Programming Interface

4. CT-BCS - Anwendungsunabhängiger CardTerminal Basic Command Set

5. Chipkarten mit synchroner Übertragung

   Teil 1: ATR und Datenbereiche

6. Chipkarten mit synchroner Übertragung

   Teil 2: Anwendung von Inter-industry Commands zur Kommunikation mit synchronen Karten

7. Host-CT-Schnittstelle für MKTs mit V.24/V.28-Schnittstelle

Teil 3 (CT-API [1]) und Teil 4 (CT-BCS [2]) wurden von *TeleTrusT* Deutschland e.V. bearbeitet und sollen in diesem Beitrag vorgestellt werden.

1 CT-API

1.1 Intention

Bereits mit der Einführung der Krankenversichertenkarte stellte sich das Problem, daß Softwareanbieter für die Praxis-DV auf keine einheitliche Schnittstelle zur Ansteuerung eines Kartenterminals zurückgreifen konnten, sie aber ihre Systeme so konzipieren mußten, daß Produkte der verschiedensten Hersteller integrierbar waren. Dabei ging es weniger um die Schnittstelle zwischen Datenendgerät und Kartenterminal, sondern vielmehr um eine einheitliche, herstellerunabhängige Softwareschnittstelle zwischen Anwendungssystem und Kartenterminal-Treiber.

1993 machten dann die Deutsche Telekom, die Forschungseinrichtung GMD und der RWTÜV einen wichtigen Schritt in diese Richtung mit der Definition der Softwareschnittstelle CT-API. Es zeigte sich sehr schnell, daß mit dem CT-API alle marktgängigen Chipkartenanwendungen unterstützt werden können. *TeleTrusT* Deutschland e.V. hat 1994 diesen Ansatz aufgegriffen mit dem Ziel, zusammen mit den bisherigen Autoren das CT-API weiter zu entwickeln und einen Industriestandard zu realisieren.

Wichtig für die Akzeptanz und Verbreitung einer Schnittstelle wie das CT-API ist die Anwendungs-, Technik- und Herstellerunabhängigkeit. Es muß beispielsweise unerheblich sein, ob Speicher- oder Prozessor-Chipkarten verwendet werden, welche technische Ausprägung das Kartenterminal hat (z.B. Einbau-Version oder separates Endgerät) und welche Übertragungsprotokolle zwischen Rechner und Kartenterminal realisiert sind.

1.2   Konzept

Das CT-API fungiert als Schnittstelle zwischen der Anwendungssoftware und dem Kartenterminal-Treiber, in der Spezifikation Host Transport Service Interface oder HTSI-Modul genannt. Sie umfaßt die drei Basis-Funktionen:

- *CT_init* - Etablierung einer Host/Kartenterminal-Verbindung

- *CT_data* - Datenübertragung

- *CT_close* - Auflösung der Host/Kartenterminal-Verbindung.

Die herstellerspezifischen Mechanismen zur Ansteuerung des Kartenterminals und der Chipkarte sind unterhalb dieser Schnittstelle realisiert und bleiben der Anwendung an der Schnittstelle verborgen. Das HTSI-Modul ist somit herstellerspezifisch und vom Kartenterminal-Hersteller für die für ihn marktrelevanten Systeme bereitzustellen.

Die Einigung auf das CT-API hat zur Folge, daß bei einem Austausch der Kartenterminals, lediglich das herstellerspezifische HTSI-Modul in das Anwendungssystem eingebunden werden muß. Mehr und mehr entstand auch der Wunsch, Kartenterminals verschiedener Hersteller im Rahmen eines Anwendungssystems parallel betreiben zu können. Mit der ersten CT-API-Version zeigte sich jedoch die Schwierigkeit, daß unterschiedliche Funktionen mit gleichem Namen sich nicht in jedes System integrieren lassen. Um eine einheitliche Lösung dieses Problems zu erzielen, wurde in der Version CT-API 1.1 festgeschrieben, daß für solche Fälle die Funktionsnamen um einen "well known identifier " ('wki') zu erweitern sind.

Der 'wki' besteht aus

- der CardTerminal Manufacturer Id (CTM Id, 5 Byte) und

- der HTSI Id (2 Byte).

Die CTM Id wird in Abstimmung mit dem CT-Hersteller von der RID German National Registration Authority vergeben und registriert.

Die unterschiedlichen Basis-Konfigurationen für Anwendungen mit mehreren Kartenterminals sind in Abb. 1 und Abb. 2 dargestellt.

Abb. 1:
Integration mehrerer Kartenterminals
eines Herstellers

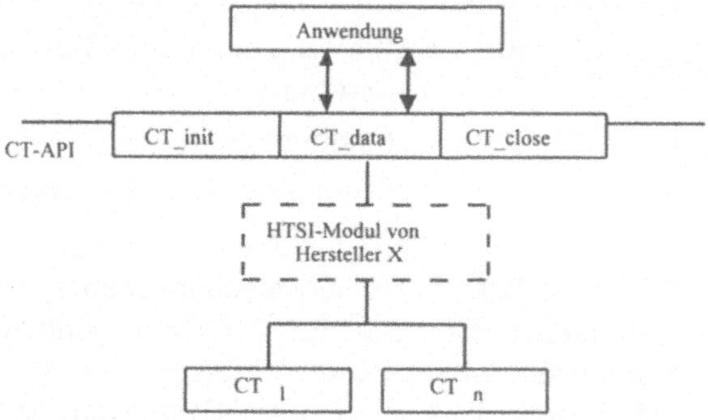

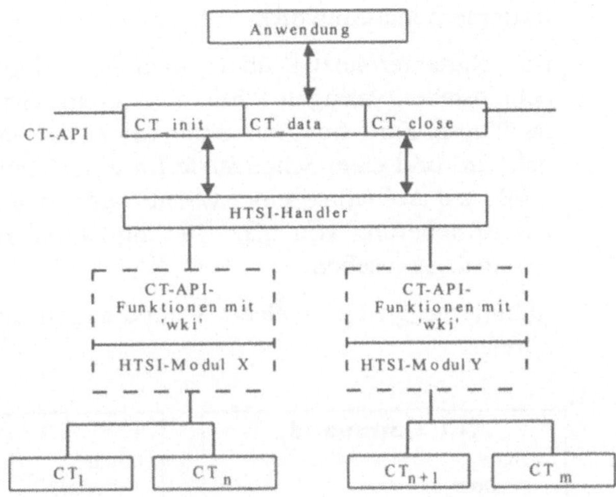

Abb. 2:
Integration von
Kartenterminals
mit unterschied-
lichen HTSI-
Modulen
(Beispiel)

1.3   Adressierung

An der CT-API-Schnittstelle werden drei Adressparameter unterschieden:

- CTN (CardTerminalNumber),

- SAD (SourceADdress) und

- DAD (Destination ADdress).

Bei Aufruf der Funktion CT_init ordnet die Applikation dem anzusteuernden Kartenterminal eine CTN zu. Diese CTN wird bei allen folgenden Funktionsaufrufen zur eindeutigen Identifizierung der Host/CT-Verbindung benutzt. Somit lassen sich über das CT-API mehrere Kartenterminals gleichzeitig bedienen.

Bei Aufruf der Funktion CT_data sind zusätzlich zum Adressparameter CTN noch die Adressparameter SAD und DAD zu verwenden. Sie kennzeichnen Quelle und Ziel der zu übertragenden Daten (Chipkarten- bzw. Kartenterminal-Kommando) und enthalten nach Funktionsaufruf die Quell-

und Zieladresse der empfangenen Daten (Chipkarten- bzw. Kartenterminal-Antwort).

Da Kartenterminals über mehrere Chipkarten-Interface-Schnittstellen verfügen können (z.B. eine Schnittstelle für eine Plug-in-Karte zur Aufnahme einer sogenannten Professional Card und einer Schnittstelle für eine Chipkarte in Normalgröße zur Aufnahme einer Client Card), wurden Adresswerte zur Ansteuerung von max. 14 Chipkarten in einem Kartenterminal vorgesehen.

Abbildung 3 zeigt, welche Komponenten adressiert werden können.

Abb. 3:
Source- und
Destination-
Adressen

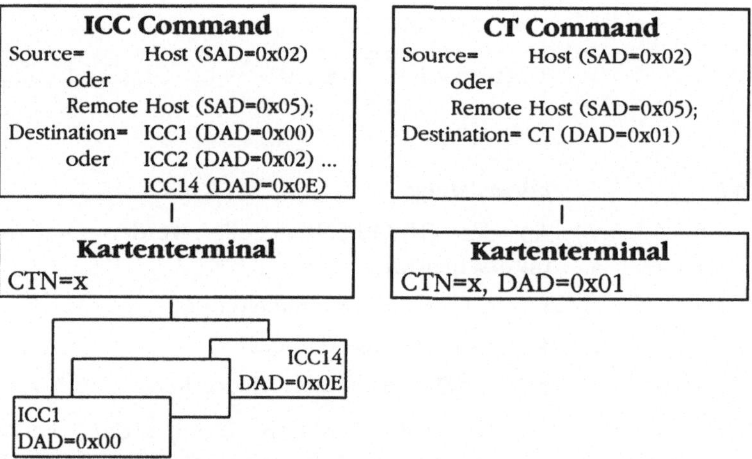

1.4 Datenübertragung

Das CT-API setzt voraus, daß die Kommunikation mit einem Kartenterminal auf Schicht 7 (Applikationsebene) analog zur Kommunikation mit einer Chipkarte organisiert ist und daher auf einer 'command/response-Schnittstelle' basiert, so daß die Datenübertragung zum Kartenterminal und zur Chipkarte gleichermaßen mit der Funktion CT_data erfolgen kann.

Wie aus Kapitel 3.1.3 ersichtlich, ermöglicht das CT-API die Übertragung von:

- Kommandos für das Kartenterminal und

- Kommandos für die Chipkarte.

Das CT-API schreibt aber weder die Befehlsstruktur noch die zu unterstützenden Kommandos vor. Es sollte aber folgendes beachtet werden:

(1)   Alle Kommandos - sowohl für Speicher-Chipkarten als auch für Prozessor-Chipkarten - sollten nach dem gleichen Konstruktionsprinzip (z.B. ISO/IEC 7816-4 [3]) aufgebaut sein, um für den Anwendungsprogrammierer den Umgang mit Chipkarten zu erleichtern. Dies bedeutet, daß bei Speicherchipkarten die notwendige Befehlskonvertierung unterhalb des CT-APIs erfolgen sollte.

(2)   Im Kartenterminal-Bereich sollte aus Kompatibilitäts-gründen das von *TeleTrusT* Deutschland e.V. definierte anwendungsunabhängige CardTerminal Basic Command Set (CT-BCS) unterstützt werden.

3.2   CT-BCS

Der CardTerminal Basic Command Set (CT-BCS) dient der Steuerung von Kartenterminals mit einer oder mehreren Chipkarten-Interface-Einheiten und optionaler Ausstattung mit Tastatur und Display. CT-BCS beinhaltet daher

- Kommandos zur Realisierung der Grundfunktionen zum Chipkarten-Handling und

- Kommandos zur Nutzung von Display und Tastatur.

Als Modellvorstellung wird hierbei davon ausgegangen, daß das Kartenterminal ggf. in Verbindung mit dem HTSI-Modul ´Intelligenz´ besitzt und über im Kartenterminal adressierbare Einheiten verfügt, die als ´Functional Units (FUs)´ bezeichnet werden. Für folgende adressierbare Einheiten wurden bisher Adresswerte festgelegt:

- CT-Grundsystem

- CT/ICC-Interface-Einheiten

- CT-Display
- CT-Tastatur.

Der Aufbau der CT-BCS-Kommandos entspricht dem Aufbau der 'Inter-industry commands [3]'. Im Parameter P1 wird dabei der Functional Unit Identifier (FU Id) codiert. Damit sind die Adressierungskonventionen für CT-BCS-Kommandos aus der Sicht eines Anwendungssystems vollständig:

- mit CTN wird an der CT-API-Schnittstelle das Kartenterminal bezeichnet, zu dem der HTSI-Modul das Kommando senden soll

- mit SAD wird der Absender des Kommandos gekennzeichnet

- mit DAD = 0x01 wird dem Kartenterminal angezeigt, ob es selbst adressiert und damit die ausführende Instanz ist

- mit FU Id wird die Funktionseinheit im Kartenterminal bezeichnet, auf die sich das CT-Kommando bezieht.

Mit folgenden Kommandos werden die Grundfunktionen realisiert:

- RESET CT : Rücksetzen des CT-Grundsystems oder der CT/ICC-Interface-Einheiten

- REQUEST ICC : Anfordern einer Chipkarte

- EJECT ICC : Beenden der Kommunikation mit einer Chipkarte und ggf. auswerfen derselben

- GET STATUS : Abfragen von Status-Informationen

Für Kartenterminals, die über Display und Tastatur verfügen, werden folgende zusätzlichen Kommandos festgelegt:

- INPUT : Abfragen von Tastatureingaben

- OUTPUT : Ausgeben (Anzeigen) von Daten (Text) am Display

- PERFORM VERIFICATION : Durchführen einer PIN-Abfrage-Funktion

- MODIFY VERIFICATION DATA : Durchführen einer PIN-Änderungs-Funktion.

Bei allen CT-BCS-Kommandos wird von der ASN.1-Codierungstechnik (ASN.1 = Abstract Syntax Notation One) Gebrauch gemacht, um die notwendige Flexibilität zu erreichen. Beispiele für die Nutzung von ASN.1-Datenobjekten (DOs) sind:

- DO für Timer-Angabe

- DO für Anzeigetext

- DO für ´Command-to-perform´

Im CardTerminal Basic Command Set sind auch die seinerzeit für das VersichertenKartenTerminal festgelegten CT-Steuerungskommandos in aufwärtskompatibler Weise integriert, so daß eine Migration zu den quasi für beliebige Anwendungen nutzbaren Kartenterminals vom Typ MKT [4] ohne Probleme möglich ist.

3.3   Ausblick

Die Spezifikationsarbeiten an der CT-API-Version 1.1, die funktionell kompatibel zur CT-API-Version 1.0 ist, und an der CT-BCS-Version 0.9 wurden im Juli 1995 abgeschlossen.

Es ist u.a. geplant, für Kartenterminals mit weitergehender Funktionalität einen CardTerminal Enhanced Command Set (CT-ECS) zu definieren. Bestandteil von CT-ECS wird auch die Spezifikation eines File-Systems für Kartenterminals sein, das z.B. die Nutzung von im Kartenterminal gespeicherten Anzeigetexten erlaubt.

Literatur

[1]   Deutsche Telekom AG, GMD - Forschungszentrum Informationstechnik GmbH, RWTÜV, *TeleTrusT* Deutschland e.V.: CT - API 1.1, Anwendungsunabhängiges CardTerminal Application Programming Interface für Chipkartenanwendungen , 20.07.1995.

[2]   *TeleTrusT* Deutschland e.V.: CT - BCS, Anwendungs-
      unabhängiger CardTerminal Basic Command Set für
      Chipkartenanwendungen , 21.06.1995.

[3]   ISO/IEC 7816-4: Identification cards - Integrated
      circuit(s) cards with contacts - Part 4: Inter-industry
      commands for interchange, 1995.

[4]   Arbeitsgemeinschaft "Karten im Gesundheitswesen":
      Multifunktionale KartenTerminals MKT für das Gesund-
      heitswesen und andere Anwendungsgebiete, Juni 1995

[5]   Struif, Bruno: Bindeglied Terminal - neue Normen für
      Lesegeräte von Speicher- und   Prozessor-Chipkarten;
      à la CARD AKTUELL, März 1993

V Sicherheitsanalysen, Evaluierung und Sicherheitsinfrastruktur

G. Meister
M. Horak

1 Risikoanalyse für Chipkartensysteme

1 Motivation

Aufbauend auf den im TeleTrusT Jahresbericht 1993 veröffentlichten Untersuchungen ausgewählter Referenzszenarien zur digitalen Signatur [2] soll ein weiteres Szenario für Prozessor-Chipkarten untersucht werden. Der zugrunde liegende Ansatz zur Berechnung des Gesamtrisikos erscheint als zu ungenau und wird deshalb nach einem Bayes'schen Ansatz neu formuliert. Das Gesamtrisiko für alle Szenarien wird entsprechend dem neuen Ansatz graphisch dargestellt.

2 Beschreibung der Szenarien

Es folgt eine kurze Beschreibung der Referenzszenarien.

Szenario 1 [2]

weist eine Sicherheitsfunktionalität auf, die durch die Sicherheit der Einsatzumgebung bestimmt wird. Sender und Empfänger besitzen ein intelligentes Datenendgerät (PC) mit angeschlossenem Chipkartenleser. Berechnung und Prüfung der digitalen Signatur erfolgt ausschließlich per Software. Die kryptographischen Schlüssel werden über intelligente Speicher-Chipkarten zugeführt. Die Chipkarte ist durch eine PIN abgesichert. Diese PIN wird auf der Tastatur des Datenendgeräts eingegeben.

Szenario 2 [2]

wurde konzipiert, um die größten Risiken aus Szenario 1 auf
ein Maß zu verringern, das auch den Einsatz einer unsicheren
Umgebung möglich macht. Sender und Empfänger benutzen
ein intelligentes Datenendgerät mit einer umfangreichen Si-
cherheitsperipherie. Sie besteht aus einem Chipkartenleser
mit eigener Tastatur, einem Sicherheitsmodul, einem sicheren
Display und einer sicheren Uhr.

Szenario 3 [2]

unterscheidet sich vom Szenario 1 nur dadurch, daß der Teilnehmer als Autorisierungsmedium eine Chipkarte benutzt, die
selbst in der Lage ist, zu signieren und Signaturen zu prüfen.
Die Chipkarte ist wieder durch eine PIN abgesichert, nur
verläßt jetzt der geheime asymmetrische Schlüssel die Karte
nicht mehr. Die PIN wird über die Tastatur auf dem Datenendgerät eingegeben.

Szenario 1b 'Prozessorkarte'

Das hier untersuchte Szenario baut auf dem ersten Szenario
auf. So handelt es sich bei der Chipkarte wie in den Szenarien 2 und 3 um eine Prozessorkarte mit Möglichkeiten zur
sicheren Datenübertragung und Authentisierung. Die Karte
kann aber noch nicht intern eine Signatur erstellen bzw. verifizieren. Das Chipkartenterminal beinhaltet keine 'intelligente'
Funktionalität. Es leistet nur Basisdienste, wie das Erkennen
der eingelegten Karte oder das Herausziehen.

Im Rahmen des 'MailTrust'-Projektes werden die Szenarien
1b, 2 und 3 von Giesecke & Devrient (G&D) und der Gesell-
schaft für Mathematik und Datenverarbeitung (GMD) als
'Personal Security Environment' (PSE) eingesetzt (vgl. Th.
Hueske: Sicherheitsinfrastruktur im TeleTrusT-Projekt
'MailTrusT', in dieser Publikation).

3   Risikoanalyse und Risikobewertung

Unter Risiko versteht man ein Maß für die Gefahr, die von
einem Angriff ausgeht. Dabei ist Risiko definiert als das Produkt des aufgetretenen Schadens und der Wahrscheinlichkeit

seines Eintritts. Die Eintrittswahrscheinlichkeit wird allgemein durch die relative Häufigkeit bestimmt. Dabei ist die relative Häufigkeit der Quotient aus den gelungenen zu den insgesamt erfolgten Angriffsversuchen.

Um eine Risikobewertung angemessen durchführen zu können, werden entsprechend [2] vier verschiedene Einsatzumgebungen für ein Szenario unterschieden:

- Variante 1: keine Zusatzvoraussetzungen / offenes System

- Variante 2: Datenendgeräte in baulich / organisatorisch sicherer Umgebung

- Variante 3: Bedienung durch vertrauenswürdige Personen

- Variante 4: Datenendgeräte in baulich/organisatorisch sicherer Umgebung und Bedienung durch vertrauenswürdige Personen

3.1 Bewertung des Risikos

Das Risiko bzw. die relative Häufigkeit wird entsprechend dem TeleTrusT-Bericht in vier Kategorien eingestuft. Dabei werden Zahlenwerte bei der Bewertung des Risikos angenommen, um eine graphische Darstellung zu ermöglichen:

kein Risiko	niedriges Risiko	mittleres Risiko	hohes Risiko
0	1	2	3

Die relative Häufigkeit wird für jedes Objekt und jeden Ort berechnet, an dem ein Angriff stattfinden kann. Beispielsweise kann die PIN bei ihrer Eingabe an der Schnittstelle zwischen Tastatur und PC ausgeforscht werden. Alle Angriffe auf das gleiche Objekt an verschiedenen Orten werden zu einer Klasse zusammengefaßt.

Unter Verwendung folgender Abkürzungen

- O   Objekt des Angriffs

- I   Ort des Angriffs

- r( )   Risiko

- S( )   Schaden

berechnet sich nach dem TeleTrusT-Bericht das Risiko einer Klasse als das Maximum über die zu dieser Klasse gehörenden Einzelrisiken:

$$(1) \quad r_O \overset{!}{=} \max_i \left(r_{O_i} \right) \quad .$$

Das schwächste Glied einer Klasse bestimmt somit das der Klasse zugeordnete Risiko.

In diesem Beitrag wird die relative Häufigkeit für einen erfolgreichen Angriff für jedes Objekt und jeden Ort ebenfalls aus den Tabellen in [2] entnommen. Jedoch wird diese interpretiert als Eintrittswahrscheinlichkeit $p(O/I)$ für einen erfolgreichen Angriff auf das Objekt O unter der Bedingung, daß der Angriff am Ort I erfolgt.

Dann berechnet sich das Risiko eines einzelnen Angriffs i auf ein Objekt O unter der Bedingung, daß der Angriff am Ort I erfolgt, zu

$$r_{O_i} = p(O / I) \cdot S(O / I) \quad .$$

Das Risiko für ein Objekt ergibt sich als die normierte Summe über alle Einzelrisiken r_{O_i}:

$$(2) \quad r_O = \sum_{i \in \mathfrak{I}} r_{O_i} \cdot \frac{1}{|\mathfrak{I}|}$$

mit

- $\mathfrak{I} =$ {Menge aller Orte des Angriffs}

- $|\mathfrak{I}|$ Mächtigkeit der Menge $\mathfrak{I}$

Das Gesamtrisiko eines Szenarios ergibt sich bei TeleTrusT als Summe der Einzelrisiken der Angriffsklassen. Sind die Angriffe verschiedener Klassen voneinander unabhängig? Wenn nicht, ist dieser Ansatz falsch.

Nachfolgend werden zwei Beispiele aus dem TeleTrusT-Bericht (Szenario 1) angeführt, die zeigen, daß die Klassen nicht unabhängig voneinander formuliert worden sind. Bei TeleTrusT wurden beispielsweise die Objekte 'Chipkarte des Senders', 'Chipkarte und PIN des Senders' und 'PIN des Senders' in drei verschiedene Klassen eingeteilt. Diese sind aber nicht voneinander unabhängig, wie Beispiel 2 zeigt. Der hier präsentierte Ansatz verwendet voneinander unabhängige Klassen. So werden die oben angeführten Klassen in eine Klasse 'Chipkarte und/oder PIN des Senders' zusammengefaßt. Das Risiko r_O für diese Klasse berechnet sich nach (2).

Beispiel 1:
Szenario 1 -
Klasse 'Secret
Key'

Angriff	Objekt / Klasse	Ort	Angreifer	Risiko (rel.H.)
9	Secret Key	CK S - Endg. S	Dritte	hoch (niedrig)
10	Secret Key	Anwendung S	Dritte	hoch (niedrig)
11	Secret Key	CK S - Endg. S	Sender	mittel (niedrig)
12	Secret Key	Anwendung S	Sender	mittel (niedrig)

nach (1): $\quad r_O = \max(\text{Klasse: Secret Key}) = \text{hoch}$

nach (2): $\quad r_O = (2 \cdot \text{hoch} + 2 \cdot \text{mittel}) \div 4 = 2{,}5 = \text{mittelhoch}$

Beispiel 2:
Szenario 1 -
Klasse
'Chipkarte
und/oder PIN
des Senders'

Angriff	Objekt / Klasse	Ort	Angreifer	Risiko (rel.H.)
2	PIN S	PIN - CK S	Dritte	hoch (niedrig)
3	PIN S	CK S - Endg. S	Dritte	hoch (niedrig)

Angriff	Objekt / Klasse	Ort	Angreifer	Risiko (rel.H.)
4	CK S	CK S	Dritte	mittel (mittel)
5	CK S	CK S	Dritte	kein (keine)
6	CK S	CK S	Dritte	kein (keine)
7	PIN S & CK S	PIN - CK S	Dritte	mittel (niedrig)
8	PIN S & CK S	CK S - Endg. S	Dritte	mittel (niedrig)

nach (1): $\quad r_{o1} + r_{o2} + r_{o3} = $ max(Klasse: PIN S) + max(Klasse: CK S) + max(Klasse: PIN S & CK S) = (hoch + mittel + mittel) = (3 + 2 + 2) = 7

nach (2): $\quad r_O = \left(2 \cdot \text{hoch} + 3 \cdot \text{mittel} + 2 \cdot \text{kein}\right) \div 7 = 1{,}71$

3.2 Graphische Darstellung der Referenzszenarien

Die graphische Darstellung berücksichtigt den hier vorgestellten Ansatz.

Es ergibt sich die folgende Klasseneinteilung:

– Antwort einer Anfrage zur Sperr-/Berechtigungsdatei:	Sperr-/Berecht.
– Kommunikationsdaten:	Komdat
– Datum und Uhrzeit:	D & U
– Public Key ZI und Zertifikat:	Publ. Key ZI & Z
– Quittung Signaturprüfung:	Quit. SP
– Quittung Senderzertifikatsprüfung:	Quit. ZP S
– Dokument (Inhalt/Anzeige):	Dok.
– Secret Key Sender:	Sec. Key S
– PIN und/oder Chipkarte Sender:	PIN u/o CK S
– Zertifikat des Senders:	Zert. S

Risikoanalyse zum Szenario 1

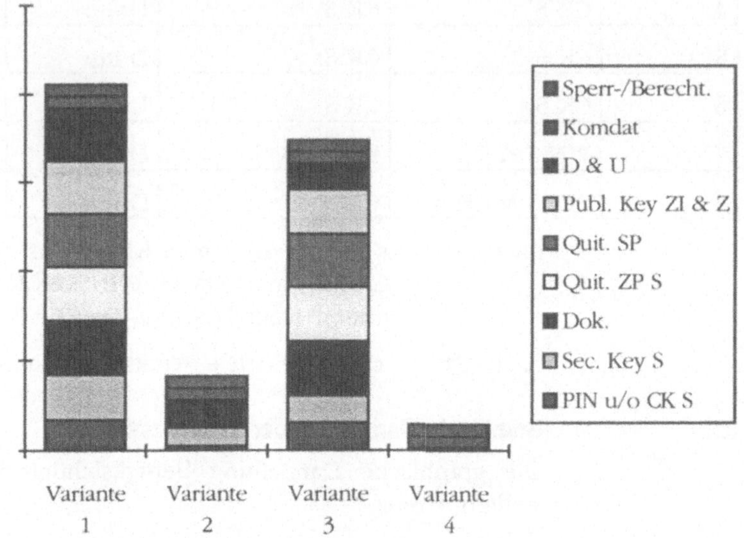

Risikoanalyse zum Szenario 2

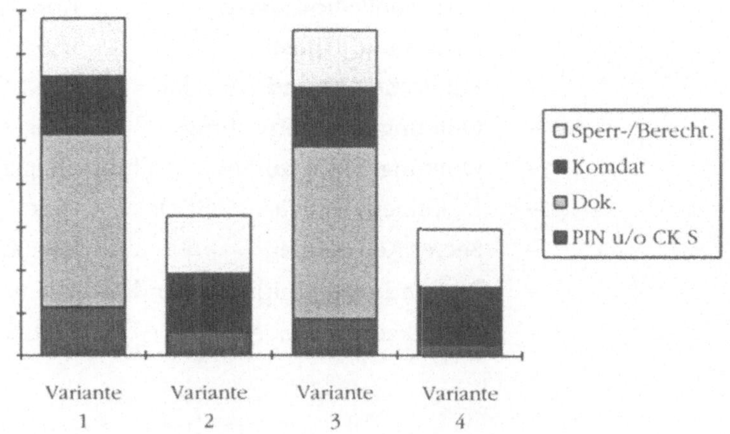

Risikoanalyse zum Szenario 3

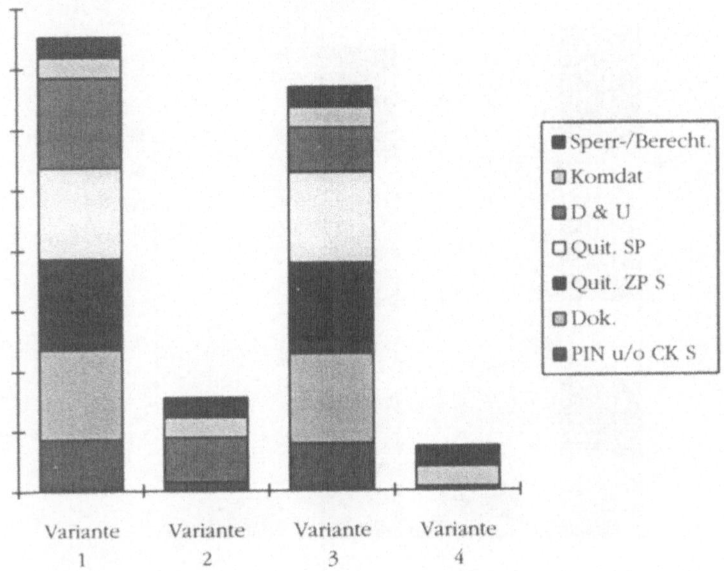

Risikoanalyse zum Szenario 1b 'Prozessorkarte'

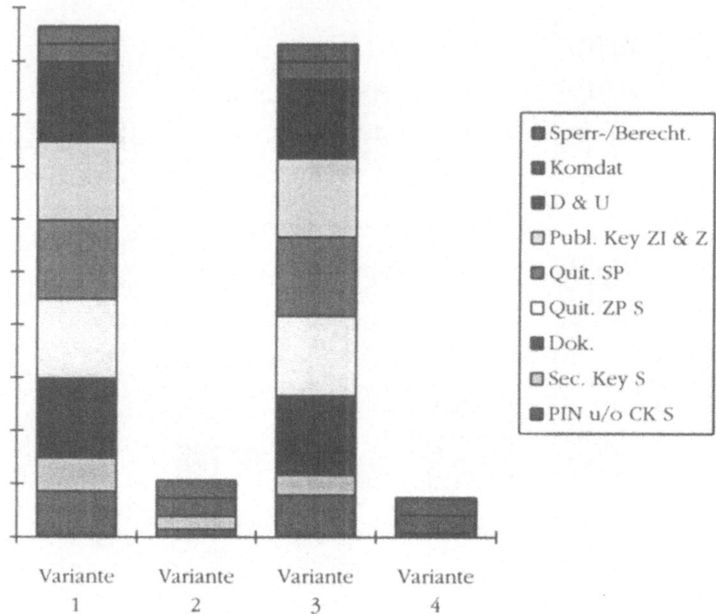

3.3   **Vergleich der Szenarien**

Am Beispiel des offenen Systems (Variante 1) werden die vier Szenarien verglichen.

Die Szenarien sind in ihrer Gewichtung angemessener dargestellt. Deutlich wird dies am Szenario 3, das insbesondere den geheimen Schlüssel schützt und die Signatur in der Chipkarte berechnet. Es kann somit kein Angriff auf den geheimen Schlüssel erfolgen. Da jedoch die PIN an der Tastatur eingegeben wird, kann dort eine Bedrohung stattfinden. Diese geht aber nicht wie beim TeleTrusT-Bericht in zwei Klassen in die Berechnung für die graphische Darstellung ein, sondern nur in einer.

Vergleich der Szenarien am Beispiel des offenen Systems (Variante 1)

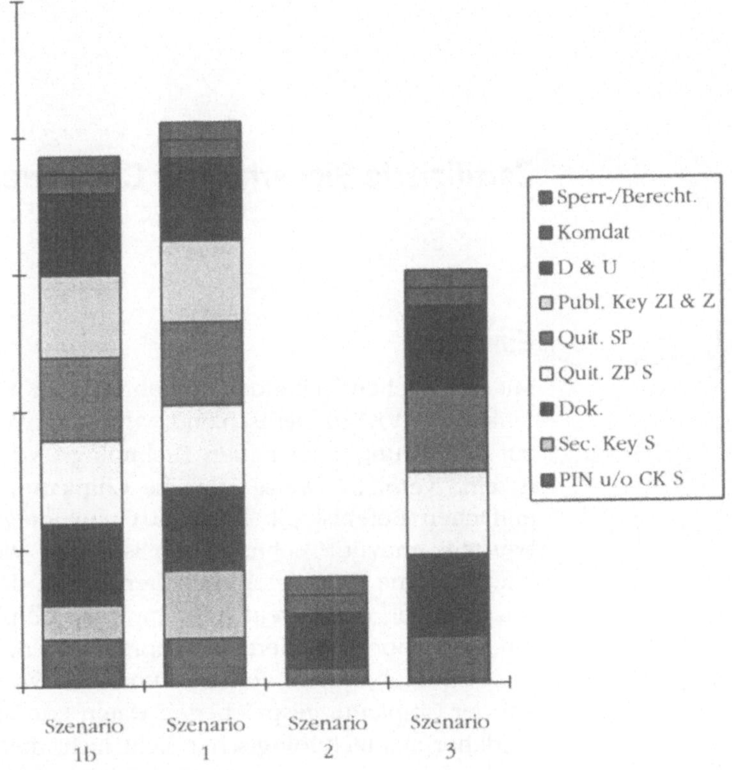

Literatur

[1] R. Brachmann: Bedrohungsanalyse von Chipkartensystemen, Diplomarbeit am Lehrstuhl für Datenverarbeitung, Technische Universität München, 1995

[2] K. Müller: Digitale Signatur - Referenzszenarien und Risikoanalysen, TeleTrusT Jahresbericht 1993, Erfurt, 1994

K.-W. Schröder

2 Zertifizierte Sicherheit für Chipkarten

1 Einleitung

Mit der flächendeckenden Einführung der Krankenversichertenkarte (KVK) in Deutschland wurde ein wesentlicher Schritt zur Einführung einer neuen Technologie vollzogen. Die KVK ist eine vergleichsweise einfache Chipkarte, die neben einer einfachen Befehlslogik lediglich einen integrierten Speicherbaustein enthält. Technologisch ist heute viel mehr erreichbar. Moderne Chipkarten enthalten neben dem frei verfügbaren Speicher, den bereits herkömmliche Chipkarten bereitstellen, auch hochintegrierte Mikroprozessoren, die über ein eigenes Betriebssystem verfügen und eine Vorverarbeitung der auf der Chipkarte gespeicherten Daten ermöglichen. Die KVK ist daher aus technologischer Sicht nicht mehr so interessant, um so mehr jedoch aus gesellschaftlicher Sicht.

Eine andere Chipkarte, die weite Verbreitung gefunden hat, ist die Telefonkarte. Wie die KVK ist sie für eine ganz bestimmte Anwendung vorgesehen. Obwohl die technischen Unterschiede eher gering sind, kann eine Telefonkarte nicht als KVK verwendet werden. Das Dilemma scheint vorgezeichnet: Der Weg, für jede Anwendung eine separate Chipkarte verwenden zu müssen, läßt sich in der Realität nicht beschreiten. Einen Ausweg stellt die multifunktionale Chipkarte dar, die sich mit modernen Prozessor-Chipkarten realisieren läßt. Das karteninterne Betriebssystem bildet die Voraussetzung dafür.

Natürlich gehen mit den erweiterten Einsatzmöglichkeiten der modernen Prozessor-Chipkarten auch Probleme einher, die gelöst werden müssen. So ist es z. B. notwendig, die Daten der verschiedenen Anwendungen genau voneinander zu trennen. Berechtigungen zur Teilnahme an bestimmten Diensten müssen erteilt, geprüft und verändert werden können. Dabei ist ein gewisses Maß an Sicherheit erforderlich, das beim Umgang mit Chipkarten gegeben sein muß, damit aus ihrer Anwendung kein Schaden entsteht.

Einen wesentlichen Beitrag zur sicheren Verwendung von Chipkarten können die Betriebssysteme leisten, mit denen Prozessor-Chipkarten ausgerüstet werden müssen. Diese Betriebssysteme müssen bestimmte Sicherheitseigenschaften verwirklichen, ohne die der gewünschte, multifunktionale Einsatz - etwa als Geldbörse, Telefonkarte, Führerschein - nicht möglich ist. Was würde wohl geschehen, wenn durch eine fehlerhafte Implementierung jedermann seine elektronische Geldbörse beliebig oft mit dem Höchstbetrag füllen könnte, ohne daß eine entsprechende Deckung vorhanden sein muß?

Es liegt auf der Hand, daß die Chipkartenbetriebssysteme den neuralgischen Punkt bei der Einführung dieser neuen Technologie bilden. Auf dem Hintergrund der bisher gewonnenen Erfahrungen wird im vorliegenden Artikel gezeigt, welchen Beitrag die Erteilung eines BSI-Sicherheitszertifikats nach erfolgreich bestandener Sicherheitsprüfung bei der Stärkung des Vertrauens in die breite Anwendung der Chipkartentechnologie leisten kann.

2   Multifunktionale Chipkarten

Multifunktionale Chipkarten sind für den Einsatz innerhalb mehrerer Anwendungen vorgesehen. Sie müssen daher über geeignete Funktionen verfügen, die einzelnen Anwendungen auszuwählen und voneinander zu trennen. Die notwendigen Funktionen stellt das Betriebssystem zur Verfügung.

2.1 Basisfunktionalität

Die im Rahmen möglicher Anwendungen benötigten Funktionen der Chipkarte werden im allgemeinen durch ihre Kommandoschnittstelle bereitgestellt. Im Zusammenhang mit der Beschreibung und Prüfung von Sicherheitseigenschaften ist es notwendig, die Kommandoschnittstelle genau zu dokumentieren und keine Kommandos außerhalb der Schnittstelle zur Verfügung zu stellen.

Intern werden die Aufrufe der Kommandoschnittstelle durch das Betriebssystem der Prozessor-Chipkarte realisiert. Die Leistungsfähigkeit heutiger Chipkartenbetriebssysteme umfaßt auch die Bereitstellung aufwendiger Funktionen, z. B. der PIN-Prüfung (PIN: Personal Identification Number).

Um verschiedene Anwendungen mit derselben Karte unterstützen zu können, kann im freien Speicherbereich der Chipkarte ein Dateisystem installiert werden. Jeder Anwendung werden die relevanten Daten in einem eigenen Verzeichnis zur Verfügung gestellt. Der Zugriff auf die Daten erfolgt über geeignet parametrisierte Aufrufe der Kommandoschnittstelle.

Aus der multifunktionalen Anwendung ergeben sich Sicherheitsanforderungen an die Betriebssysteme, die auf den ersten Blick vor allem die zu einer Anwendung gehörenden Daten betreffen. Obwohl der Schutzbedarf für einzelne Anwendungen unterschiedlich ist, gibt es Schutzziele, die den meisten denkbaren Anwendungen gemeinsam sind.

2.2 Sicherheitseigenschaften

Damit Anwendungen ordnungsgemäß arbeiten, müssen die auf der Chipkarte gespeicherten Daten im Einsatzfall auch verfügbar sein. Die Verfügbarkeit der Daten kann bereits im Design der Prozessoren berücksichtigt werden. Sie ist daher kein besonderes Merkmal von Chipkartenbetriebssystemen.

Das Nebeneinander verschiedener Anwendungen bedingt, daß einerseits jede Anwendung auf die ihr zugeordneten Daten zugreifen können muß, andererseits aber jeder Anwendung der Zugriff auf Daten anderer Anwendungen verwehrt sein muß. Damit ergeben sich aus der beabsichtigten Multifunktionalität von Prozessor-Chipkarten bereits einige Designkriterien für die entsprechenden Betriebssysteme. In den Grundzügen werden ähnliche Sicherheitsmerkmale zu implementieren sein, wie sie in typischen multi user-Systemen vorhanden sind.

2.3 Sicherheitszertifikate

Auf der Grundlage der harmonisierten, europäischen Sicherheitskriterien für Informationstechnik (ITSEC) [1] und anderer IT-Sicherheitskriterien (z. B. [2]) erteilt das BSI auf Antrag ein Sicherheitszertifikat. Wesentlicher Bestandteil des Verfahrens ist die Prüfung (Evaluation) des zu zertifizierenden IT-Systems oder -Produkts (auch Evaluationsgegenstand, EVG, genannt) durch eine unabhängige, beim BSI akkreditierte Prüfstelle. Chipkarten und ihre Betriebssysteme können als IT-Produkte beim BSI zertifiziert werden. Ein aktueller Überblick zu den bisher zertifizierten IT-Systemen und -Produkten ist der periodisch erscheinenden Liste [3] zu entnehmen.

Ein zentrales Dokument für die Zertifizierung sind die Sicherheitsvorgaben. Sie dienen der Beschreibung (1) der sicherheitsspezifischen Funktionen, die der EVG bereit hält, um Bedrohungen abzuwehren, und (2) der Einsatzumgebung des EVG. Es hat sich gezeigt, daß die Sicherheitsvorgaben einfacher zu verstehen sind, wenn ihre Darstellung einer gewissen Ordnung unterworfen wird, die sich an generischen Oberbegriffen orientiert.

Die bisher vorliegenden Erfahrungen bei der Zertifizierung von Chipkartenbetriebssystemen zeigen, daß insbesondere Anforderungen zu folgenden generischen Oberbegriffen bestehen:

- Identifizierung und Authentisierung
- Zugriffskontrolle
- Wiederaufbereitung
- Übertragungssicherung

Anforderungen zu weiteren generischen Oberbegriffen können sich aus dem speziellen Einsatzzweck der Chipkarten ergeben.

BSI-Sicherheitszertifikate können nach verschiedenen Stufen vergeben werden. Es hat sich gezeigt, daß Chipkartenbetriebssysteme mit vertretbarem Aufwand mindestens nach der Stufe E4 der ITSEC (bzw. nach vergleichbaren Stufen anderer IT-Sicherheitskriterien) zertifiziert werden können.

3 Sicherheitsvorgaben für Chipkartenbetriebssysteme

Obwohl Sicherheitsvorgaben in jedem Fall spezifisch für einen bestimmten EVG sind, lassen sich in der bereits oben angedeuteten Weise Gemeinsamkeiten für bestimmte IT-Produkte oder -Systeme erkennen. Hier wird versucht, eine gewisse Orientierung für Betriebssysteme multifunktionaler Chipkarten zu entwickeln. Es sei betont, daß dies ohne Berücksichtigung der Anforderungen an Inhalt und Form der Sicherheitsvorgaben (z. B. der ITSEC) geschieht.

3.1 Separation anwendungsspezifischer Daten

Um anwendungsspezifische Daten wirkungsvoll zu trennen und damit jeder Anwendung den Zugriff auf ihre und nur ihre Daten zu ermöglichen, muß gefordert werden, daß sich eine Anwendung vor dem Zugriff auf ihre Daten der Chipkarte gegenüber identifiziert. Um einen gewissen Schutz vor Angriffen durch Maskerade zu erreichen, wird es notwendig sein, nach der Identifizierung auch eine Authentisierung durchzuführen. Die Sicherheitsvorgaben für Chipkartenbetriebssysteme müssen daher Informationen enthalten, wie sich Anwendungen identifizieren können und wie die Identität einer Anwendung nachgeprüft werden kann.

Die auf einer Chipkarte gespeicherten Daten einer Anwendung müssen in geeigneter Weise mit Information darüber ausgestattet werden, welcher Anwendung sie zuzurechnen sind. Bevor eine Anwendung Zugriff auf ihre Daten erhält, müssen also die Zugriffsrechte geprüft werden. Es ist daher notwendig, eine Zugriffskontrolle zu implementieren, der alle

Anwendungsdaten unterliegen müssen. Welche Rechte im einzelnen damit verbunden sind, hängt sehr stark von den tatsächlichen Anwendungen ab. Als Beispiel sei die elektronische Geldbörse genannt. Hier müssen verschiedene Anwendungen auf die gleichen Daten zugreifen. Es hängt nun natürlich von der entsprechenden Anwendung ab, ob Beträge auf- oder abgebucht werden dürfen. Entsprechend granular muß das Chipkartenbetriebssystem in der implementierten Rechtestruktur sein.

Während sich eine Anwendung bei einer multifunktionalen Chipkarte identifiziert und authentisiert, werden besonders sensitive Daten ausgetauscht. Es ist denkbar, daß dieser Datenverkehr mitgelesen wird, um als Grundlage für einen späteren Angriff zu dienen. Dies gilt sicher auch für Daten von Anwendungen. Es wird daher erforderlich sein, den Datenverkehr zwischen Chipkarte und Anwendung geeignet gegen solche Angriffe zu schützen. Damit kommt auch der Übertragungssicherung eine bestimmte Bedeutung zu, und die Sicherheitsvorgaben müssen eine Aussage zur Übertragungssicherung enthalten.

Um eine gewisse Flexibilität bezüglich der Größe des Datenbereichs einer Anwendung zu ermöglichen, sollte das Betriebssystem den physischen Datenspeicher auf der logischen Ebene möglichst variabel verwalten können. Wenn dies der Fall ist, kann es zu Umwidmungen von physischem Speicher kommen. Daher muß das Betriebssystem den physischen Datenspeicher vor seiner Zuordnung zu einer Anwendung geeignet aufbereiten. Ob darüber hinaus eine Wiederaufbereitung vor weiteren Aktionen notwendig ist, hängt wiederum von dem beabsichtigten Einsatzzweck ab.

3.2 Selbstschutz des Betriebssystems

Das Chipkartenbetriebssystem stellt seine Leistungen nach außen hin über eine wohldefinierte Kommandoschnittstelle zur Verfügung. Diese muß daher mit den vom Betriebssystem zur Verfügung gestellten Sicherheitsmerkmalen verträglich sein, eine wohl selbstverständliche Forderung. Es ist jedoch zu bedenken, daß ein Chip nicht mit „eingebranntem" Betriebssytem ausgeliefert wird. Auch ist es sinnvoll, unter bestimmten Umständen ein Update des Betriebssystems vornehmen zu können. Es wird daher verschiedene Betriebsmodi einer Chipkarte geben. Doch selbst wo dies nicht der Fall ist, wird klar, daß die potentielle Möglichkeit, in das Betriebssystem einzugreifen, die Sicherheitsmerkmale bedroht. Dagegen helfen nur Vorkehrungen zum Selbstschutz des Betriebssystems.

Wenn es möglich ist, Daten einer Anwendung als Programmcode in den Prozessor zu laden und dort ausführen zu lassen, können im allgemeinen alle von der Kommandoschnittstelle berücksichtigten Sicherheitsmechnismen umgangen werden. Daher muß das Betriebssystem für eine strikte Trennung von Daten- und Programmbereichen sorgen. Es muß ferner wirksam verhindert werden, den Code des Betriebssystems selbst ganz oder in Teilen zu verändern. Wenn Änderungen am Betriebssystem unter bestimmten Umständen zugelassen werden, muß ein Mißbrauch ausgeschlossen werden.

4 Zusammenfassung und Ausblick

Nach der Einführung der KVK - ein aus gesellschaftlicher Sicht wesentlicher Schritt - steht nun die Einführung multifunktionaler Chipkarten bevor. Im Unterschied zu reinen Speicherchipkarten enthalten letztere ein Betriebssystem, dessen Aufgabe es ist, den verschiedenen Anwendungen jeweils die richtigen Daten zur Verfügung zu stellen. Daraus ergeben sich Anforderungen an die Sicherheit, die eine starke Analogie zu Sicherheitseigenschaften von multi user-Systemen erkennen lassen.

Als IT-Produkte können Prozessor-Chipkarten und die auf ihnen zum Einsatz gelangenden Betriebssysteme nach international verbindlichen Sicherheitskriterien vom BSI zertifiziert werden. Diese Zertifikate werden international anerkannt. Bisher vorliegende Erfahrungen zeigen, daß der für ein E4-Zertifikat nach ITSEC erforderliche Aufwand vertretbar und dem von Prozessor-Chipkarten gebotenen, hohen Maß an Sicherheit angemessen ist.

Ausgehend von der anwendungsorientierten Grundforderung nach Separation der Daten wurden Orientierungen für die Formulierung von Sicherheitsvorgaben im Sinne der ITSEC gegeben, insbesondere im Hinblick auf generische Oberbegriffe. Dem Selbstschutz des Betriebssystems kommt besondere Bedeutung zu.

Multifunktionale Chipkarten können einen wichtigen Platz im Alltag einnehmen, wenn sie vertrauenswürdig verwendet werden können. Mit der Erteilung eines Zertifikats bestätigt das BSI als unabhängige Stelle nach eingehender Prüfung das Vorhandensein wohldefinierter Sicherheitseigenschaften.

Literatur

[1]   Kriterien für die Bewertung der Sicherheit von Systemen der Informationstechnik (ITSEC), Luxemburg: Amt für amtliche Veröffentlichungen der Europäischen Gemeinschaften 1991, ISBN 92-826-3003-X

[2]   IT-Sicherheitskriterien: Kriterien für die Bewertung der Sicherheit von Systemen der Informationstechnik (IT), Köln: Bundesanzeiger Verlagsgesellschaft mbH 1989, ISBN 3-88784-192-1

[3]   BSI-Zertifikate. Sicherheit von IT-Produkten und -Systemen

Th. Hueske

3   Sicherheitsinfrastruktur im TeleTrusT-Projekt „MailTrusT"

1   Einleitung

Auf der TeleTrusT-Mitgliederversammlung im November ' 94 haben die TeleTrusT-Mitgliedsfirmen beschlossen, das Projekt „MailTrusT" zur Pilotanwendung der elektronischen Unterschrift für den TeleTrusT-internen Dokumentenaustausch unter Nutzung von Electronic Mail (nach Internet-PEM Formaten) auf Basis verfügbarer Technologien zu gestalten. Die Interoperabilität der von TeleTrusT-Mitgliedern beigesteuerten Komponenten (Hard- und Software) soll auf der Systems 95 demonstriert werden [6].

„MailTrusT" ist das erste TeleTrusT-Projekt mit dem Ziel, die praktische Anwendung der digitalen Signatur und von Verschlüsselungsverfahren für den elektronischen Datenaustausch auf der Basis einer gemeinsamen Sicherheitsinfrastruktur zu demonstrieren.

Zur Durchführung dieses Projekts wurde eine aus TeleTrusT-Mitgliedsfirmen bestehende Projektgruppe initiiert. Innerhalb dieser Projektgruppe werden die erforderlichen Dokumentationen erarbeitet. Dazu gehört insbesondere die Beschreibung der gemeinsamen Sicherheitsinfrastruktur. Dieser Beitrag enthält eine Zusammenfassung der Sicherheitsinfrastruktur, wie sie z. Zt. für „MailTrusT" diskutiert wird und in [5] beschrieben ist.

An der Demonstration auf der Systems 95 sind die zehn Te-
leTrusT-Mitgliedsfirmen CCI, CoCoNet, debis Systemhaus,
Giesecke&Devrient, GMD, Kryptokom, MicroDatec, Orga,
Philips und Telenet beteiligt.

2   Systemarchitektur

Das Keymanagement des Projekts „MailTrusT" basiert auf dem
in [2] dokumentierten „Certificate-Based Keymanagement" für
Privacy Enhancement for Internet Electronic Mail (PEM). Dieses Dokument ist Teil einer Dokumenten-Serie [1, 2, 3, 4], die
PEM-Mechanismen für „electronic mail" im Internet festlegen.
Das zugrundeliegende Keymanagement beruht auf der Verwendung von Zertifikaten zur Propagierung von Schlüsselinformation (öffentlicher Schlüssel) an Sender und Empfänger
einer Nachricht des electronic mail Systems.

Die öffentlichen Teilnehmerschlüssel werden durch eine vertrauenswürdige Instanz - den Zertifikatsherausgeber - zertifiziert, d. h. der Herausgeber bestätigt die Teilnahmeberechti-
gung des Subjekts am System und die Zuordnung von Teil-
nehmeridentität zu einem öffentlichem Schlüssel. Dazu werden die öffentlichen Teilnehmerschlüssel in Form einer
komplexen vom Herausgeber signierten Datenstruktur im System propagiert. Die Zertifikatsstruktur basiert auf der Emp-
fehlung X.509 [8]. Die Identitäten von Subjekt und Herausgeber sind sogenannte „Distinguished Names" wie sie in X.500
[7] festgelegt sind.

Allgemeine Sy-
stemarchitektur

In der allgemeinen Architektur einer Zertifizierungshierarchie
nach [2] wird die Existenz einer eindeutigen Wurzel des Zer-
tifizierungsbaumes vorausgesetzt, der Internet Policy Registration Authority (IPRA). Unterhalb der IPRA befinden sich die
Policy Certification Authorities (PCAs), die eine Sicherheitspolitik für die Registrierung von Benutzern und Organisatio-
nen in Form eines Dokumentes publizieren. Jede PCA wird
durch die IPRA zertifiziert. Auf der nächsten Ebene der Zertifizierungshierarchie befinden sich die Certification Authorities
(CA), um Benutzer und Unterstrukturen einer Organisation zu
zertifizieren.

Diese Architektur unterstützt insbesondere eine Zertifizierungshierarchie, in der die Teilnehmer-Zertifikate die Blätter der Zertifizierungshierarchie repräsentieren. Diese Zertifizierungshierchie ist weitgehend isomorph zur Namensgebung nach X.500. Dabei ist die Namenssubordination ein wesentlicher Bestandteil der Systemarchitektur. Über die Namenshierarchie wird die Beziehung zwischen Zertifikatsherausgeber und Teilnehmer dokumentiert. In diesem Sinne unterstützt sie die automatisierte Validierung eines Zertifikats sowie die automatisierte Bestimmung der Sicherheitspolitik unter der das Zertifikat erzeugt wurde.

Projektspezifische Systemarchitektur

Für das TeleTrust-Projekt „MailTrusT" wird eine Zertifizierungshierarchie festgelegt, die auf dem allgemeinen Modell basiert und spezifische Anforderungen in das allgemeine Modell integriert. Dadurch wird eine projektspezifische Zertifizierungshierarchie definiert, die insbesondere die folgenden Instanzen umfaßt:

- An der Spitze der Zertifizierungshierarchie steht die TeleTrusT-Policy Certification Authority (TTT-PCA). Diese stellt ihre Sicherheitspolitik in Form einer Dokumentation zur Verfügung.

- Certification Authorities (CA) sind Instanzen, die Zertifikate für Teilnehmer erstellen und verteilen. Die MailTrusT-Firmen betreiben entweder eigene organisationsspezifische Zertifizierungsinstanzen oder sie lassen die öffentlichen Schlüssel ihrer Teilnehmer von einer anderen MailTrusT-Firma - bzw. direkt von der TTT-PCA - zertifizieren.

- Die Teilnehmer nehmen unter Verwendung technischer Hilfsmittel (Hard- und Software) als Initiatoren (Sender) bzw. eigentliche Endabnehmer (Empfänger) am System teil.

Die MailTrusT-Firmen operieren auf der Ebene einer CA, als der TTT-PCA nachgeordneter Instanz. In dem Fall, daß eine Mitgliedsfirma keine eigene CA-Funktionalität zur Verfügung stellen kann, kann diese durch eine andere Mitgliedsfirma mit

CA-Funktionalität (oder auch durch die TTT-PCA) übernommen werden.

3 Management von Zertifikaten

Zertifikate sind zentrale Datenstrukturen des Keymanagements. Ein Zertifikat ist eine signierte Struktur, mit der die zertifikatsausgebende Instanz die Zuordnung zwischen dem im Zertifikat enthaltenen Teilnehmernamen und öffentlichen Schlüssel bestätigt. Dieser Abschnitt enthält einen Überblick über Inhalt, Sperrung und Prüfung von Zertifikaten.

Zertifikats-
struktur

In „MailTrusT" werden Zertifikate nach X.509 [8] verwendet. Ein X.509-Zertifikat besteht aus den folgenden Datenfeldern:

- Versionsnummer,
- Seriennummer,
- Signatur (nur Identifizierung der Algorithmen),
- Name des Zertifikatserzeugers,
- Gültigkeitsdauer,
- Name des Subjekts und
- Öffentlicher Schlüssel des Teilnehmers.

Sperrung von
Zertifikaten

In gewissen Fällen muß es der zertifikatsausgebenden Instanz möglich sein, ein ausgegebenes und noch gültiges Zertifikat nachträglich zu sperren. Für die Sperrung des Zertifikats können zwei Gründe ausschlaggebend sein:

- Das Schlüsselpaar wurde kompromittiert oder es besteht ein begründeter Verdacht der Kompromittierung und
- organisatorische Gründe (z. B. die Entfernung des Teilnehmernamens aus dem System).

Die Information über gesperrte Zertifikate wird durch Sperrlisten (Certificate Revocation Lists, CRL) im System verteilt. Jede CA ist verantwortlich für die Ausgabe von Sperrlisten der von ihr gesperrten Zertifikate. Die Sperrlisten werden vom Herausgeber der Liste signiert. Damit kann jeder Systemteilnehmer die Authentizität einer Sperrliste verifizieren.

**Zertifikats-
prüfung**

Grundlage aller Zertifikatsprüfungen ist der öffentliche Schlüssel der Spitze der Zertifizierungshierarchie, der TTT-PCA, der bei jedem Teilnehmer vorliegen muß. Die öffentlichen Teilnehmerschlüssel nachgeordneter CA sind - soweit notwendig - ebenso vorzuhalten, um eine korrekte Zertifikatsüberprüfung durchzuführen.

Ein erster Schritt einer jeden Zertifikatsprüfung ist die Verifikation der Signatur des Zertifikatsherausgebers unter Verwendung des zugehörigen öffentlichen Schlüssels. Dieser wird ebenfalls über ein Zertifikat verteilt oder wird dem Teilnehmer mit der Übermittlung seines Zertifikats zur Verfügung gestellt. Damit kann jedes Zertifikat von einem Teilnehmer unmittelbar geprüft werden.

4 Namensgebung

Die eindeutige Zuordnung von Schlüsselpaaren zu Teilnehmern, ein Schlüsselpaar gilt für genau einen Teilnehmer, erfordert die systemweit eindeutige Bezeichnung eines Systemteilnehmers. Diese Zusammengehörigkeit wird von einer vertrauenswürdigen Instanz zertifiziert. Dabei ist es empfehlenswert die Namensgebung anhand einer vorgegebenen Namensstruktur vorzunehmen, die einerseits durch Strukturierungsmöglichkeit die Übersicht über alle Namen erhöht, andererseits aber auch die Offenheit und Kompatibilität des Systems garantiert. Dadurch wird eine applikationsspezifische Namensgebung vermieden.

Für „MailTrusT" ist vorgesehen, die Namensgebung nach der X.500-Empfehlung [7] vorzunehmen, die Information nach vorgegebenen Attributen in einer baumartigen Struktur (Directory Information Tree) niederlegt. Dabei verfügt jedes Objekt über einen systemweit eindeutigen „Distinguished Name", der dieses identifiziert. Die Ausprägung eines Namens leitet sich - zumindest teilweise - aus der Struktur des Informationsbaumes ab, denn jeder Name setzt sich zusammen aus dem Namen des über ihm liegenden Knotens und einem Attribut des Objekts.

Für die Namensgebung können beispielsweise die folgenden Attribute unterschieden werden. Dabei ist die bestehende X.500 Syntax zu berücksichtigen.

C   Ländercodierung,

L   Locality,

O   Name einer Organisation,

OU   Name(n) einer(der) Teilorganisation(en) und

CN   als eindeutiger Teilnehmername innerhalb des Teilbaumes.

Bezüglich der Namensgebung für Teilnehmer bzw. Zertifikatsherausgeber sind hier nicht weiter betrachtete Konventionen einzuhalten.

5 Zertifikatsanforderung

Zur Zertifikatsanforderung durch eine Instanz (Teilnehmer, CA) an eine CA bzw. TTT-PCA werden im TeleTrusT-Projekt „MailTrusT" die folgenden drei Varianten

- Anforderung mittels Prototype-Certificate,

- Anforderung unter Sicherung einer bestehenden Schlüsselbeziehung und

- Schlüsselverteilung via Datenträger (Chipkarte)

diskutiert. In den ersten beiden Fällen erfolgt die Kommunikation zwischen den Instanzen mittels e-mail. Sie unterscheiden sich durch die von der CA vorgenommenen Form der Authentikation der anfordernden Instanz. Diese beruht im ersten Fall auf Mechanismen organisatorischer Art, im zweiten Fall auf Mechanismen deren Basis aus einer bereits existierenden Schlüsselbeziehung besteht.

Prototype-
Certificate

Die Zertifikatsanforderung mittels Prototype-Certificate besteht aus einer elektronischen Anforderung in Form eines PEM-Briefes, der an die CA gesendet wird. Diese Anforderung wird durch Anwendung organisatorischer Mechanismen unterstützt. Dazu sendet der Teilnehmer einen manuellen

Brief an die zertifizierende CA, in dem die Zertifikatsanforderung angezeigt wird.

Um einerseits die zur Zertifikatsbildung notwendigen Informationen und andererseits den Zusammenhang zwischen beiden Briefen auch über die Schlüsselinformation zu sichern, sind die Zertifikatsanforderungen zumindest teilweise mit identischen Daten zu belegen (z. B. Name des Teilnehmers, öffentlicher Schlüssel). Darüber hinaus enthält die manuelle Zertifikatsanforderdung die Signatur oder einen Hashwert des öffentlichen Schlüssels.

Die Parameter einer elektronischen Zertifikatsanforderung werden mit dem zum öffentlichen Schlüssel gehörigen privaten Schlüssel signiert und bilden dann das sogenannte Prototype-Certificate.

Eine Zertifikatserstellung und Verteilung durch die CA für die anfordernde Instanz erfolgt nur unter den Bedingungen

- einer erfolgreichen Validierung des Prototype-Certificate,

- einer erfolgreichen Verifizierung der Signatur bzw. des Hashwertes des öffentlichen Schlüssels aus dem manuellen Brief, sowie

- einer positiven Konsistenzprüfung beider Briefe.

Die Zertifikatsübermittlung durch die CA an die anfordernde Instanz erfolgt in elektronischer Form mittels eines PEM-Briefes.

Sicherung unter bestehender Schlüssel-beziehung

Zur Zertifikatsanforderung und -übermittlung unter Sicherung einer bestehenden Schlüsselbeziehung wird eine symmetrische Schlüsselbeziehung (DES-Schlüssel) zwischen CA und zertifikatsanfordernder Instanz vorausgesetzt. Dazu erhält die Instanz von der CA einen spezifischen Initialisierungs-Schlüssel. Zur Erzeugung dieses Schlüssels kann ein Masterkey-Verfahren eingesetzt werden, bei dem unter Verwendung eines Masterkeys und spezifischer Daten (z. B. Identität der Instanz) ein spezifischer InitialisierungsSchlüssel generiert wird.

Der Dialog zwischen den Instanzen erfolgt in elektronischer Form unter Verwendung von e-mail. Dabei kann die Authentizität der einzelnen Nachrichten sowie die Vertraulichkeit von Nachrichteninhalten unter Verwendung des spezifischen Initialisierungs-Schlüssels gewahrt werden.

In dem Fall, daß ein Teilnehmer die Funktionalität einer RSA-Schlüsselerzeugung nicht zur Verfügung stellen kann, kann optional die Schlüsselerzeugung durch die CA vorgenommen werden. Die erzeugte und zertifizierte Schlüsselinformation kann dann mittels eines Datenträgers von der CA an den Teilnehmer übermittelt werden.

Als Datenträger können Chipkarten oder Disketten verwendet werden. Dabei ist die Verwendung von Chipkarten vorzuziehen. Die Absicherung von Lese- und Schreiboperationen auf der Chipkarte über eine PIN, ermöglicht - bis zu einem gewissen Grad - die Wahrung der Vertraulichkeit von sensitiven Daten (privater Schlüssel). Nur eine autorisierte Person kann die Karte sinnvoll anwenden.

Literaturverzeichnis

[1]   Linn, J.: Privacy Enhancement for Internet Electronic Mail, Part I: Message Encryption and Authentication Procedures, RFC1421, DEC, February 1993.

[2]   Kent, S.: Privacy Enhancement for Internet Electronic Mail, Part II: Certificate-Based Key Management, RFC1422, February 1993.

[3]   Balenson, D.: Privacy Enhancement for Internet Electronic Mail, Part III: Algorithms, Modes and Identifiers, RFC1423, TIS, February 1993.

[4]   Balaski, B.: Privacy Enhancement for Internet Electronic Mail, Part IV: Notary, Co-Issuer, CRL-Storing and CRL-Retrieving Services, RFC1424, RSA Laboratories, February 1993.

[5] T. Hueske (Editor): MailTrusT - Infrastrukturbeschreibung; Entwurf, 27. Juni 1995.

[6] Reimer, H.; Schneider, W.: Das MailTrusT-Projekt von TeleTrusT; Tagungsband des 5. GMD-Smart Card Workshop, Hrsg. B. Struif, GMD, 1995.

[7] CCITT Recommendation X.500: The Directory - Overview of Concepts, Models and Services. 1988.

[8] CCITT Recommendation X.509 (1988), The Directory - Authentication Framework. 1988.

Anhang

Editoren

Dr. Albert Glade

Giesecke & Devrient
Prinzregentenstraße 159   Tel.: 089 / 4119-856
81607 München   Fax: 089 / 4119-780

Prof. Dr.-Ing. Helmut Reimer

TeleTrusT Deutschland e. V.
Eichendorffstraße 16   Tel.: 0361 / 3460531
99096 Erfurt   Fax: 0361 / 3460531

Bruno Struif

GMD - Forschungszentrum
Informationstechnik GmbH
Rheinstraße 75   Tel.: 06151 / 869-206
64295 Darmstadt   Fax: 06151 / 869-224

B Autoren

Levona Eckstein

GMD - Forschungszentrum Informationstechnik GmbH
Rheinstr. 75
D-64295 Darmstadt

Tel.: 06151 / 869-205
Fax: 06151 / 869-224

Wilfried Engelmann

GMD - Forschungszentrum Informationstechnik GmbH
Rheinstraße 75
D-64295 Darmstadt

Tel.: 06151 / 869-347
Fax: 06151 / 869-224

Sigrun Erber-Faller

Bundesnotarkammer
Burgmauer 53
D-50667 Köln

Tel.: 0221 / 256823
Fax: 0221 / 256808

Ronald Ferreira

TRT-Philips Communications Systems
16, avenue Descartes
F-92352 Le Plessis Robinson Cedex

Tel.: 33 - 141287804

Dr. Hans-Josef Hähn

CoCoNet
Computer-Communication Net-
works GmbH
Vertriebszentrum
Himmelgeister Straße 37   Tel.: 0211 / 9058-0
D-40225 Düsseldorf   Fax: 0211 / 9058-20

Ulrich Hamann

Siemens AG
HL CC M
PF 801709   Tel.: 089 / 4144-4236
D-81617 München   Fax: 089 / 4144-2214

Siegfried Herda

GMD - Forschungszentrum
Informationstechnik GmbH
Rheinstraße 75   Tel.: 0651 / 869267
D-64295 Darmstadt   Fax: 0651 / 869224

Susanne Hirsch

Siemens AG
HL CC m
PF 801709   Tel.: 089 / 4144-3947
D-81617 München   Fax: 089 / 4144-2214

Monika Horak

TU München
Lehrstuhl für Datenverarbeitung
Arcisstraße 21   Tel.: 089 / 2105-3607
D-80290 München   Fax: 089 / 2105-3600

Thomas Hueske

debis Systemhaus
IT-Sicherheit
Frankfurter Straße 27   Tel.: 06196 / 9481-49
D-65760 Eschborn   Fax: 06196 / 43545

E. Johnson

Giesecke & Devrient GmbH
Prinzregentenstraße 159   Tel.: 089 / 4119-931
D-81607 München   Fax: 089 / 4119-905

C. Köhrer

Siemens Nixdorf Informationssy-
steme AG
ASW BASC   Tel.: 089 / 636 46714
D-81730 München   Fax: 089 / 636 44820

Dietrich Kruse

Siemens-Nixdorf Informationssy-
steme AG
ASW BASC   Tel.: 089 / 636 45886
D-81730 München   Fax: 089 / 636 44820

Ekkehard Löhmann

Informatikzentrum der Sparkas-
senorganistaion GmbH
Königswinterer Straße 552   Tel.: 0228 / 4495-0
D-53227 Bonn   Fax: 0228 / 4495-496

Kurt Maier

Telenet GmbH
Ungererstraße 75   Tel.: 089 / 36073-125
D-80805 München   Fax: 089 / 36073-120

Ralf Malzahn

Philips Semiconductors
P.O. Box 54 02 40
D-22502 Hamburg

Tel.: 040 / 5613-3690

Dr. Gisela Meister

Giesecke & Devrient
Prinzregentenstraße 159
D-81677 München

Tel.: 089 / 4119-931
Fax: 089 / 4119-902

Paul Mertes, LL.M. (USA)

Deutsche Telekom
Produktzentrum Telesec
D-57069 Siegen

Tel.: 0271 / 708-1610
Fax: 0271 / 708-1625

Norbert Pohlmann

KryptoKom GmbH
Dennewartstraße 27
D-52068 Aachen

Tel.: 0241 / 963-1380
Fax: 0241 / 963-1390

Jean-Jacques Quisquater

Math RiZK (also UCL, Louvain-la-Neuve)
Avenue des Canards, 3
B-1640 Rhode-Saint-Genèse

Tel.: 32 - 10472541

Dr. Karl Rihaczek

Fabriciusring 15
D-61352 Bad Homburg

Tel.: 06172 / 42177
Fax: 06172 / 489413

Dr. Otfrid P. Schaefer

Kassenärztliche Vereinigung Hessen
Georg-Voigt-Straße 15
D-60325 Frankfurt/Main

Tel.: 069 / 79502585
Fax: 069 / 79502534

Wolfgang Schneider

GMD - Forschungszentrum
Informationstechnik GmbH
Dolivostraße 15
D-64293 Darmstadt

Tel.: 0651 / 869700
Fax: 0651 / 869785

Klaus-Werner Schröder

Bundesamt für Sicherheit in der
Informationstechnik
Godesberger Allee 183
D-53175 Bonn

Tel.: 0228 / 9582-132
Fax: 0228 / 9582-455

J. Sembritzki

Zentralinstitut für die kassenärztliche Versorgung der Bundesrepublik Deutschland
Ottostraße 1
D-50859 Köln

Tel.: 02234 / 4094-0
Fax: 02234 / 497979

Bruno Struif

GMD - Forschungszentrum
Informationstechnik GmbH
Rheinstraße 75
D-64295 Darmstadt

Tel.: 06151 / 869-206
Fax: 06151 / 869-224

Dr. Dieter Weber

DATEV eG
Gutenstetter Straße 14   Tel.: 0911 / 276-3500
D-90329 Nürnberg   Fax: 0911 / 276-1194

Dr. F. Weikmann

Giesecke & Devrient
Prinzregentenstraße 159   Tel.: 089 / 4119-903
D-81677 München   Fax: 089 / 4119-905

Dr. Thomas Wille

Philips Semiconductors
P.O. Box 54 02 40   Tel.: 040 / 5613-3690
D-22502 Hamburg

Petra Wohlmacher

GMD - Forschungszentrum
Informationstechnik GmbH
Rheinstraße 75   Tel.: 06151 / 869-321
D-64295 Darmstadt   Fax: 06151 / 869-224

H. Reimer

C

TeleTrusT

Ziele

TeleTrusT Deutschland e. V. wurde 1989 gegründet, um die Vertrauenswürdigkeit von Informations- und Kommunikationstechnik in einer offenen Systemumgebung zu fördern.

Der gemeinnützige Verein hat sich durch die Satzung zur Aufgabe gemacht,

- die Akzeptanz der elektronischen Signatur als Instrument zur Rechtssicherheit einer elektronischen Transaktion zu erreichen;

- die Forschung zur Sicherheit des elektronischen Datenaustausches (EDI) und die Anwendung ihrer Ergebnisse zu unterstützen und die Entwicklung von Standards für dieses Gebiet zu unterstützen;

- mit Institutionen in anderen Ländern zusammen zu arbeiten, um Ziele und Standards innerhalb der Europäischen Union zu harmonisieren.

Vor diesem Hintergrund unterstützt *TeleTrusT* Deutschland die Berücksichtigung der Vertrauenswürdigkeit in bestehenden oder geplanten IT Anwendungen in öffentlichen Einrichtungen, Verbänden usw. Besondere Aufmerksamkeit finden dabei Sicherheitsdienste und ihr Management für eine vertrauenswürdige IT in Medizin und Gesundheitsverwaltung, im elektronischen Rechtsverkehr und in der Telekooperation mittels EDI.

In *TELETRUST* **Arbeitsgruppen** werden Vorschläge und Erfahrungen von Experten zusammengeführt und umgesetzt. Folgende Schwerpunkte werden behandelt:

- **Juristische Aspekte einer verbindlichen Kommunikation (AG 1):** Begleitung der Gesetzgebung zur Rechtswirksamkeit einer digitalen Signatur und zu erforderlichen Rahmenbedingungen;

- **Sicherheitsarchitektur (AG 2):**, Risikoanalysen, Bedrohungen, Referenzszenarien; in offenen IT-Systemen;

- **Medizinische Anwendungen einer vertrauenswürdigen Informationstechnik (AG 3):** Vorbereitung und Begleitung von Pilotimplementierungen einer sicheren Datenkommunikation und von Chipkartenanwendungen;

- **Anwendungen (AG4):** Spezifizierung von Datenstrukturen und Software-Schnittstellen für den gesicherten Datenaustausch zwischen Anwenderprogrammen;

- **Promotions (AG 5):** Gestaltung von Pilotprojekten und Demonstration von Anwendungen, Öffentlichkeitsarbeit.

Das Konzept von *TELETRUST* Deutschland

Grundlage bilden asymmetrische Kryptoverfahren, um für den IT-Anwender Sicherheitsdienste zur

- Identifikation des Teilnehmers während einer Kommunikationsverbindung,

- Erzeugung einer elektronischen Signatur zu einem elektronischen Dokument oder zu einer Datei,

- Verifizierung der Identität des Absenders und der Integrität einer Nachricht, bereit zu stellen.

Das Konzept kann an

- Anwendungen mit unterschiedlichen Sicherheitsanforderungen,

- Strukturen mit mehreren Anwendungen unterschiedlicher Anbieter sowie an
- Erfordernisse geschlossener oder offener IT-Systeme

angepaßt werden.

Als individuelles Sicherheitselement empfiehlt *TELETRUST* eine Prozessor-Chip-Karte, die den privaten Schlüssel des Anwenders enthält und schützt und die die Sicherheitsdienste unterstützt. Die organisatorischen Rahmenbedingungen für die Personalisierung und Ausgabe der Karten, sowie die Schlüsselverwaltung und die Zertifizierung von Schlüsseln als Dienstleistungen vertrauenswürdiger Instanzen (Trusted Third Party Services), sind Bestandteile des Konzeptes.

In den *TELETRUST*-Projekten **Multifunktionales Kartenterminal** und **MailTrusT** werden Vorschläge für die Umsetzung des Konzeptes in herstellerunabhängige Anwendungslösungen erarbeitet.

Mitglieder

Stand: Juli 1995

Alcatel SEL AG
Lorenzstraße 10
70435 Stuttgart

Algorithmic Research GmbH
Waldstraße 92
63128 Dietzenbach

APCON Communikation
and Services GmbH
Friedrich-Ebert-Damm 143
22047 Hamburg

Bundesamt für Post und
Telekommunikation
Canisiusstraße 21
55122 Mainz

Bundesamt für Sicherheit in
der Informationstechnik
Godesberger Allee 183
53175 Bonn

Business Review
International B.V.
Mosselaan 57, NL-1934 PJ
Egmond a/d Hoef

Competence Center
Informatik GmbH
Lohberg 10
49716 Meppen

Computer-Communication
Networks GmbH
Himmelgeister Straße 37
40225 Düsseldorf

Concord-Eracom Computer
Security GmbH
Talstraße 11
72218 Wildberg 1

DATEV eG
Paumgartnerstraße 6
90429 Nürnberg

debis Systemhaus GEI mbH
Oxfordstraße 12-16
53111 Bonn

DFN
Verein zur Förderung eines
Deutschen
Forschungsnetzes e. V.
Pariser Straße 44
10707 Berlin

Gemplus Card International
GmbH
Mercedesstraße 13
70794 Filderstadt

Giesecke & Devrient GmbH
Division Zahlungsverkehrs-
und Sicherheitssysteme
Prinzregentenstraße 159
81677 München

GMD
Forschungszentrum
Informationstechnik GmbH
Rheinstraße 75
64295 Darmstadt

Hagenuk GmbH
Hamburger Chaussee 25
24220 Flintbek

Institut für Angewandte
Mikroelektronik
Richard-Wagner-Straße 1
38106 Braunschweig

Kassenärztliche Vereinigung
Hessen
Landesstelle
Georg-Voigt-Straße 15
60235 Frankfurt/Main

KryptoKom GmbH
Dennewartstraße 27
52068 Aachen

mbp
Informationstechnologie
GmbH
Semerteichstraße 47-49
44141 Dortmund

MicroDatec GmbH
Zeulenrodaer Straße 17
99091 Erfurt

Dr. Neuhaus
Mikroelektronik GmbH
Haldenstieg 3
22453 Hamburg

Nortel Dasa Network Systems GmbH & Co. KG 88039 Friedrichshafen	ORGA Kartensysteme GmbH An der Kapelle 2 33104 Paderborn
Philips Kommunikations Industrie AG Düsseldorfer Straße 13 65760 Eschborn	Siemens AG Bereich Halbleiter St.-Martin-Straße 45-47 81617 München
Siemens-Nixdorf Informationssysteme AG Otto-Hahn-Ring 6 81739 München	SIT Gesellschaft für Systeme der Informationstechnik mbH Charlottenstraße 7 15537 Grünheide
Systemform GmbH Bahnhofstraße 110 83224 Grassau	Telenet GmbH Kommunikationssysteme Ungererstraße 75 80805 München
TÜV Produkt Service GmbH Institut für Qualität und Sicherheit in der Elektronik Westendstraße 199 80686 München	Verband der Privatärztlichen Verrechnungsstellen e. V. Remscheider Straße 16 45466 Mülheim/Ruhr
Zentralinstitut für die kassenärztliche Versorgung Herbert-Lewin-Straße 5 50931 Köln	Dr. Karl Rihaczek Fabriciusring 15 61352 Bad Homburg

Indexregister

—K—

—L—

—M—

—N—

—Ö—

—O—

—P—

—T—

—Ü—

—U—

—V—

—W—

—X—

—Z—

Trust Center

von Patrick Horster

1995. VIII, 325 Seiten. (DuD-Fachbeiträge) Gebunden.
ISBN 3-528-05523-5

Aus dem Inhalt: Neue Medien, altes Recht – Elektronischer Rechtsverkehr
– Trust Center im online-Verbund – Security Server für verteilte Systeme –
Zertifizierung und Schlüsselmanagement – ICE – Systemsicherheit am
Beispiel Pay-TV – Fernmeldeverkehr – Überwachungsverordnung, Auswir-
kungen auf Trust Center – Key Escrowing – Standardisierungstechniken –
Authentifikationsmodelle

Bei der Bewertung der Sicherheit und Vertrauenswürdigkeit von IT-Systemen spielen Trust Center eine zentrale Rolle. Vorliegende Proceedings
geben erstmalig einen umfassenden Überblick über wesentliche Aspekte
von Trust Centern verschiedener Ausprägungen. Es geht um Grundlagen,
rechtliche Aspekte, Standardisierung und Realisierung. Besonderes Au-
genmerk verdienen neben den technischen vor allem auch die organisatorischen Gesichtspunkte, die insgesamt bei der Frage der Vertrauenswürdigkeit von Trust Centern stehen.

Über den Autor: Prof. Dr. Patrick Horster hat einen Lehrstuhl an der
Technischen Universität Chemnitz-Zwickau. Durch zahlreiche Veröffentlichungen im Bereich Informationssicherheit hat er auf sich aufmerksam
gemacht. Als Leiter der Arbeitskonferenz Trust Center 95, die zusammen
mit der GI-Fachtagung 2.5.3 Verläßliche IT-Systeme und dem TeleTrust
Deutschland e. V. durchgeführt wurde, hat er diesen Band herausgegeben.

Verlag Vieweg · Postfach 15 46 · 65005 Wiesbaden